Ausführung potentiometrischer Analysen

nebst vollständigen Analysenvorschriften
für technische Produkte

Von

Dr. Werner Hiltner

Breslau

Mit 16 Textabbildungen

Berlin
Verlag von Julius Springer
1935

ISBN-13:978-3-642-89848-8   e-ISBN-13:978-3-642-91705-9
DOI: 10.1007/978-3-642-91705-9

Vorwort.

Das vorliegende Buch ist aus dem Wunsche heraus entstanden, die durch eigene Arbeiten im Chemischen Institut der Universität Breslau erzielten Fortschritte und das über die potentiometrische Maßanalyse bereits vorliegende Material in möglichst knapper Form zusammenzufassen und für die Praxis der analytischen Chemie verwertbar zu machen. Es ist als ein „analytisches" Buch gedacht. Die theoretischen Grundlagen wurden nur soweit berücksichtigt, als es für das Verständnis der Methode erforderlich ist. Sollte das Buch eine Anregung sein, die Potentiometrie noch mehr als bisher analytisch anzuwenden, so ist sein Zweck erfüllt.

Ich möchte auch an dieser Stelle allen meinen Mitarbeitern herzlichst danken. Ohne ihre Geschicklichkeit und ohne ihren Fleiß wäre es mir nicht möglich gewesen, den gesamten Fragenkomplex in so kurzer Zeit zu bearbeiten.

Breslau, im Februar 1935.

W. Hiltner.

Inhaltsverzeichnis.

Spezieller Teil.

Inhaltsverzeichnis. VII

Einleitung.

Die analytische Chemie steht seit jeher in engster Beziehung zur lebendigen Praxis, und jeder Fortschritt in der Produktion stellte auch sie vor neue Probleme. Als die Metallkunde neue wertvolle Legierungen schuf, die neben den klassischen Gebrauchsmetallen als wesentliche Zusätze auch seltenere Metalle wie W, Mo, V enthielten, waren dafür zur Betriebskontrolle brauchbare Analysenvorschriften so gut wie überhaupt nicht vorhanden. Und so war es auf vielen anderen Gebieten. Durch die Geschicklichkeit und Tatkraft vieler Forscher und deren Mitarbeiter hat die analytische Chemie diese Probleme stets gemeistert. Aber sie stand immer bald wieder vor neuen Aufgaben. Und als es offensichtlich wurde, daß die alten Methoden den neuen, strengeren Anforderungen nicht mehr gerecht werden konnten, hat sie ihre bewährte Tradition mit dem Neuen vermählt und als fruchtbares Ergebnis neben der Mikroanalyse die physikalisch-chemischen Verfahren hervorgebracht. Die Kolorimetrie spielt gerade in der analytischen Praxis bereits heute eine große Rolle. Die Leitfähigkeitstitration wirbt um neue Anhänger, und die potentiometrische Maßanalyse erobert beständig neue Arbeitsplätze. Das vorliegende Buch soll ihr dabei helfen.

Wie bei allen physikalisch-chemischen Methoden wird auch bei der potentiometrischen Maßanalyse ein physikalisches Verfahren angewendet, um den Ablauf einer chemischen Reaktion zu verfolgen. Die chemische Reaktion vollzieht sich dabei durch die Titration der zu untersuchenden Lösung in einer von der gewöhnlichen Maßanalyse her bekannten Weise. Sie bewirkt also eine Konzentrationsveränderung im Verlaufe der Titration, die nun auf besonderem Wege, nämlich durch fortlaufende Potentialmessungen in der zu untersuchenden Lösung, festgestellt werden kann.

Die grundlegenden Beziehungen zwischen der Konzentration und dem Potential werden daher in diesem Buche zuerst behandelt. Die sich anschließenden Betrachtungen über den Potentialverlauf bei Titrationen und über den „Potentialsprung" am Äquivalenzpunkt leiten über zu der apparativen Einrichtung, dem Meßgerät und den Elektroden. Die Elektroden, besonders die sogenannte „Indicatorelektrode", deren Potential die Konzentrationsänderungen in der Lösung allein anzeigt, sind die wesentlichsten Hilfsmittel für jede potentiometrische Analyse. Die Möglichkeit, irgendeinen Stoff potentiometrisch zu titrieren, hängt sogar grundsätzlich von dem Vorhandensein einer geeigneten Indicatorelektrode ab. Daher ist den Elektroden auch ein besonderer Abschnitt dieses Buches gewidmet.

Neben einer Aufzählung der Kationen und Anionen, die bisher potentiometrisch einzeln und nebeneinander bestimmt worden sind, werden dann noch Erörterungen gebracht, ob und in welcher Weise weitere Fortschritte erzielt werden können.

Die Anwendung potentiometrischer Verfahren in der analytischen Chemie wird stets dann dringlich werden, wenn die gewöhnlichen maßanalytischen Bestimmungsmethoden wegen einer Eigenfarbe der zu untersuchenden Lösung, durch die Gegenwart störender Begleitstoffe oder mangels geeigneter Indicatoren versagen und nur auf dem Umwege zeitraubender sowie umständlicher Operationen oder mit geringerer Genauigkeit durchgeführt werden können. Denn der Vorteil eines potentiometrischen Verfahrens soll doch gerade darin liegen, daß die Bestimmung eines oder mehrerer Bestandteile nebeneinander, unmittelbar und auch in Gegenwart endgültig aller Begleitstoffe ohne jede Trennung auszuführen ist.

Alle Darlegungen sind für die Fälle gedacht, welche in der Praxis zumeist vorkommen. Mikrobestimmungen wurden daher überhaupt nicht in Betracht gezogen. Dafür sind jedoch zum Schluß eine Reihe von Vorschriften für technische Analysen sehr genau wiedergegeben worden, so daß sie auch leicht nachgearbeitet werden können.

Allgemeiner Teil.

A. Grundlagen der potentiometrischen Analyse.

Die potentiometrische Analyse bedient sich eines maßanalytischen Verfahrens, bei welchem eine physikalisch-chemische Messung zur Endpunktsbestimmung angewendet wird. Sie unterscheidet sich also von den üblichen maßanalytischen Methoden dadurch, daß der Äquivalenzpunkt nicht durch einen Farbumschlag oder das Auftreten bzw. Verschwinden eines Niederschlages angezeigt wird, sondern durch eine physikalisch-chemische Größe, den sogenannten Potentialsprung.

Die Möglichkeit, quantitative Analysen auf potentiometrischem Wege, d. h. mit Hilfe von Potentialmessungen durchführen zu können, beruht auf der Erscheinung, daß ein Metall oder ein Metalloid, welche in die Lösung eines ihrer Salze eintauchen, dieser Lösung gegenüber ein Potential annehmen, dessen Größe in gesetzmäßiger Beziehung zu der Konzentration der Metall- oder Metalloidionen steht. Auch Elektroden aus einem „unangreifbaren" Metall wie Platin oder Gold zeigen in der Lösung eines Oxydations-Reduktionsmittels — z. B. Ferri-/Ferro-Eisen — Potentiale einer ähnlichen Abhängigkeit von der Konzentration.

Diese Gesetzmäßigkeit kommt in der „Nernstschen Formel" für die elektromotorische Kraft galvanischer Elemente zum Ausdruck:

$$E = - \frac{R\,T}{n\,F} \ln c_1 + \frac{R\,T}{n\,F} \ln c_2 .$$

Hierin bedeuten E = elektromotorische Kraft oder Potential, R = Gaskonstante, T = Versuchstemperatur in absoluter Zählung, n = Wertigkeit der Ionen, F = 1 Faraday = 96 490 Coulombs und c_1 und c_2 die Konzentrationen an wirksamen Ionen. Die Formel liefert mit dieser Beziehung zwischen dem Potential und der Konzentration die Voraussetzung dafür, aus der Größe des Potentials auf die Konzentration einer Lösung zu schließen und damit zugleich die Möglichkeit, die Konzentrationsänderungen im Verlaufe einer Titration potentiometrisch zu verfolgen.

Solche Kombinationen Elektrode/Lösung bezeichnet man als potentialbildende Systeme. Diese sollen wegen ihrer grundsätzlichen Bedeutung für die potentiometrische Analyse etwas ausführlicher besprochen werden.

1*

I. Potentialbildende Systeme.

a) Das System Metall/Metallkation.

1. Elektroden erster Art.

Das System Metall/Metallkation, wie z. B. Silber/Silberion, Kupfer/ Kupferion, Zink/Zinkion usw., besteht aus einer Metallelektrode, die in eine Lösung ihrer Ionen eintaucht. Für dieses System gilt die Nernstsche Formel in der Schreibweise

$$E = -\frac{R\,T}{n\,F} \ln C + \frac{R\,T}{n\,F} \ln c \,.$$

Hierin entspricht der Wert C der Ionenkonzentration im Metall der Elektrode. C ist ein Maß für das Bestreben des Metalls, positive Ionen in Lösung zu schicken, für den „Lösungsdruck". Dieser ist eine Materialkonstante, deren Betrag bei den unedlen Metallen groß, bei den edlen Metallen klein ist. c bedeutet die Konzentration an Metallionen in der Lösung.

Die Ausbildung einer Potentialdifferenz an der Grenze Metall/Lösung und die Abhängigkeit der Größe dieses Potentials von dem Lösungsdruck des Metalls und der Konzentration an Metallionen in der Lösung kann man sich etwa folgendermaßen vorstellen.

Das Metall der Elektrode vermag positive Ionen in die Lösung zu schicken, und es bleibt selbst dabei negativ geladen zurück. Je unedler das Metall, d. h. je größer sein Lösungsdruck ist, um so mehr Ionen werden in der Zeiteinheit aus der Oberfläche des Metalls austreten; um so negativer wird daher auch das Metall aufgeladen. Andererseits treffen andauernd Metallionen der Lösung auf die Elektrode, nehmen dort Elektronen auf und vermindern damit die negative Aufladung der Elektrode. Der sich bald einstellende dynamische Gleichgewichtszustand ist maßgebend für die Größe des Potentials. Übersteigt die Zahl der in der Zeiteinheit auf die Elektrode auftreffenden positiven Ionen die Zahl der von der Elektrode emittierten Ionen, so wird das Potential der Elektrode gegenüber der Lösung positiv. Ist die Zahl der auf die Elektrode auftreffenden Ionen gleich der Zahl der emittierten Ionen, so ist das Potential gleich Null. Übersteigt die Zahl der emittierten die der auf die Elektrode auftreffenden Ionen, so wird das Potential negativ. Bei der Ausbildung einer Potentialdifferenz an der Grenze Elektrode/ Lösung wirken also der Lösungsdruck des Metalls und der osmotische Druck der Metallionen gegeneinander. Da der osmotische Druck der Konzentration proportional ist, ergibt sich somit auch die Abhängigkeit des Potentials von der Konzentration.

Ist die Konzentration der Ionen in der Lösung $c = 1$, so folgt aus der Nernstschen Formel für das Potential, welches mit E_0 bezeichnet wird,

$$E_0 = -\frac{R\,T}{n\,F} \ln C \,.$$

Dieses Potential E_0 nennt man das „Normalpotential". Ordnet man alle Metalle nach ihren Normalpotentialen, so erhält man die bekannte Spannungsreihe der Metalle. — Allgemein wird das Potential des Systems Elektrode/Lösung als „Einzelpotential" bezeichnet.

Das erste Glied in der Nernstschen Formel ist eine Funktion der Temperatur und des Lösungsdruckes. Der Lösungsdruck ist für jedes Metall gleicher Art und Beschaffenheit eine konstante Größe. Bei konstanter Temperatur ist also der ganze Ausdruck E_0 konstant. Man kann dann auch schreiben:

$$E = E_0 + k \cdot \ln c,$$

worin k für $\dfrac{R\,T}{n\,F}$ gesetzt ist. E ist also eine Funktion der Veränderlichen c. Wird c größer als 1, so verschiebt sich das Potential bei allen Metallen in positiver Richtung. Wird c hingegen kleiner als 1, so werden die Potentiale stärker negativ. Je nach der Ionenkonzentration können die Potentiale also größer oder kleiner als die Normalpotentiale sein.

Die Potentialdifferenz, die sich bei einer Veränderung der Ionenkonzentration allgemein ergibt, kann nach der Nernstschen Formel berechnet werden. Taucht man zwei Elektroden des gleichen Metalls in zwei Lösungen der entsprechenden Metallionen mit den Konzentrationen c_1 und c_2, so ergeben sich für die Potentiale E_1 und E_2 die Gleichungen

$$E_1 = E_0 + \frac{R\,T}{n\,F}\,\ln c_1$$

und

$$E_2 = E_0 + \frac{R\,T}{n\,F}\,\ln c_2 .$$

Kombiniert man beide Elektroden zu einem galvanischen Element (Abb. 1), indem man die Lösungen durch einen elektrolytischen Stromschlüssel — z. B. einen mit einer Elektrolytlösung gefüllten Heber — verbindet, so erhält man eine sogenannte „Konzentrationskette". Die elektromotorische Kraft dieser Kette ist gleich der Differenz der Einzelpotentiale E_1 und E_2, also

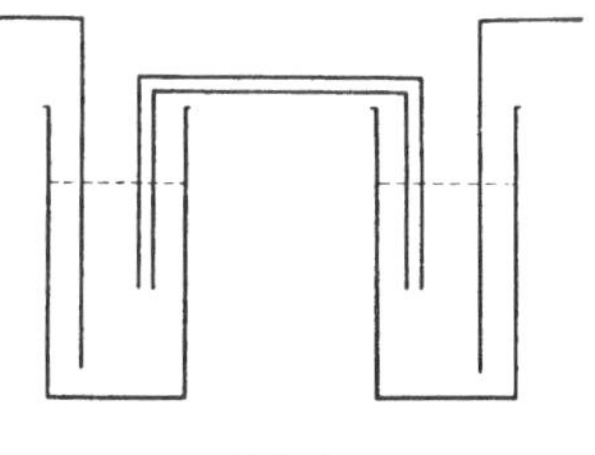

Abb. 1.

$$E = E_1 - E_2 = \frac{R\,T}{n\,F}\,\ln\frac{c_1}{c_2} .$$

Bei einem Unterschied in der Konzentration um eine Zehnerpotenz ergibt sich daraus bei 18° C eine Potentialdifferenz von

$$E = \frac{0{,}0577}{n}\,\text{Volt} ,$$

bei einwertigen Ionen ($n = 1$) 0,0577 Volt, bei zweiwertigen Ionen 0,0288 Volt usw.

2. Die Wasserstoffelektrode.

Die Wasserstoffelektrode ist in ihrem Verhalten dem der Elektroden erster Art Metall/Metallkation sehr ähnlich. Sie besteht aus einer Platinelektrode, die mit Platinschwarz bedeckt ist und in eine Lösung eintaucht, die Wasserstoffionen enthält. Die Platinelektrode und die Lösung befinden sich in einem durch Hähne verschließbaren Gefäß. Sie werden durch Einleiten von Wasserstoff bei Atmosphärendruck mit diesem gesättigt. Der in der Platinelektrode gelöste Wasserstoff verhält sich den in Lösung befindlichen Wasserstoffionen gegenüber wie eine Metallelektrode ihren Ionen gegenüber. Die auch hier an der Grenze Elektrode/Lösung auftretende Potentialdifferenz ist ebenfalls entsprechend der Nernstschen Formel vom Lösungsdruck des Wasserstoffs und von der Wasserstoffionenkonzentration abhängig. Als Normalwasserstoffelektrode bezeichnet man die Wasserstoffelektrode, die bei 760 mm mit Wasserstoff gesättigt ist, und deren Wasserstoffionenkonzentration in der Lösung $c = 1$ beträgt.

Die Normalwasserstoffelektrode spielt als Bezugselektrode in der Potentiometrie eine besondere Rolle. Ein Einzelpotential kann als solches nicht direkt gemessen werden. Es ist vielmehr notwendig, zwei Systeme Elektrode/Lösung zu einem galvanischen Element zu kombinieren und die auftretende Potentialdifferenz zu messen. Die auf diese Weise ermittelten Potentiale sind also Relativwerte und beziehen sich auf eine Vergleichselektrode, die sogenannte Bezugselektrode. Nur wenn diese Bezugselektrode ein Potential aufweist, das auch absolut gemessen gleich Null ist, erhält man für die anderen Einzelpotentiale ebenfalls Absolutwerte. Es ist jedoch experimentell sehr schwierig, eine solche Bezugselektrode genau reproduzierbar herzustellen, und die erreichbare Genauigkeit bleibt hinter der bei solchen Messungen sonst üblichen zurück. Man hat daher aus praktischen Gesichtspunkten heraus als Bezugselektrode die Normalwasserstoffelektrode gewählt und deren Potential willkürlich gleich Null gesetzt. Sie dient allgemein als Bezugselektrode für alle Potentialmessungen. Um zu kennzeichnen, daß ein Potential E auf die Normalwasserstoffelektrode bezogen ist, versieht man den Buchstaben E häufig mit dem Index h und schreibt E_h.

Alle Metalle, die unedler sind als der Wasserstoff, diesen also bei Atmosphärendruck aus seinen Verbindungen, den Säuren, verdrängen können, wie Zn, Fe, Cd, haben einen größeren Lösungsdruck als der Wasserstoff. Die edlen Metalle wie Cu, Ag, Hg, haben einen kleineren Lösungsdruck als der Wasserstoff. Da das Potential der Normalwasserstoffelektrode gleich Null gesetzt ist, ergibt sich nach der Nernstschen

Formel der dem Lösungsdruck des Wasserstoffs entsprechende Wert zu $C = 1$. Demgemäß sind die dem Lösungsdruck entsprechenden C-Werte der unedlen Metalle größer als eins, die der edlen Metalle kleiner als eins; die Normalpotentiale der unedlen Metalle sind danach negativ, die der edlen Metalle positiv gegenüber der Normalwasserstoffelektrode.

3. Elektroden zweiter Art.

Hierunter versteht man Metallelektroden, die mit einem schwerlöslichen Salz des gleichen Metalls bedeckt sind. Auch bei diesen Elektroden bleibt wie bei denen erster Art die Konzentration an Metallionen für die Größe des Potentials Metall/Lösung maßgebend. Da jedoch die Lösungen mit dem schwerlöslichen Salz gesättigt sind, so ist die Konzentration der Metallionen gegeben aus dem Löslichkeitsprodukt K_L und der Konzentration des Anions c_A:

$$c_{\text{Kat.}} = \frac{K_L}{c_A}.$$

Setzt man diesen Ausdruck in die Nernstsche Formel ein, so erhält man

$$E = E_0 + \frac{R\,T}{n\,F} \ln \frac{K_L}{c_A},$$

d. h. das Potential einer solchen Elektrode zweiter Art ist von der Konzentration des in der Lösung vorhandenen Anions des schwerlöslichen Metallsalzes abhängig.

Da sich derartige Elektroden experimentell besonders gut reproduzieren lassen, verwendet man sie häufig als Normalelektroden, also als Gegenpol gegen unbekannte Elektroden, deren Potential gemessen werden soll. Oft gebraucht wird die „Kalomelelektrode", d. h. Quecksilber, welches mit Kalomel und einer gesättigten, $^1/_1$ oder $^1/_{10}$ n-Kaliumchloridlösung bedeckt ist. Die Potentialdifferenz dieser Kalomelelektroden gegen die Normalwasserstoffelektrode beträgt bei $18°$ C

ges. Kalomelelektrode:	$+ 250{,}3$ Millivolt,	
$^1/_1$	,,	$+ 286{,}4$,,
$^1/_{10}$	,,	$+ 338{,}0$,,

4. Elektroden dritter Art.

Ist bei einer Elektrode zweiter Art außer dem schwerlöslichen Metallsalz noch ein zweites vorhanden, welches das gleiche Anion enthält, so ist die Konzentration des Anions genau gegeben aus dem Löslichkeitsprodukt des zweiten Salzes und der Konzentration seines Kations. Da die Metallionen der Elektrode über die schwerlöslichen Salze mit den andersartigen Kationen der Lösung im Gleichgewicht stehen, so ist bei solchen Elektroden dritter Art das Potential in gesetzmäßiger Weise auch von der Konzentration der Ionen eines zweiten Metalls abhängig, wenn diese mit den vorhandenen Anionen schwerlösliche Salze bilden.

b) Das System Metalloid/Metalloidion.

Auch Nichtmetalle wie die Halogene oder der Sauerstoff können zusammen mit Lösungen ihrer Ionen potentialbildende Systeme liefern. Da jedoch die Metalloide elektrische Nichtleiter sind, ist es erforderlich, außerdem eine metallische Hilfselektrode zu verwenden, die aus einem nicht angreifbaren Material, wie z. B. Platin, besteht. Taucht man eine Platinelektrode in eine Lösung, die Jod und Jodionen enthält, so zeigt diese Jodelektrode ein Potential, welches sowohl von der Jodmenge als auch von der Konzentration an Jodionen abhängt. Die Metalloide verhalten sich ihren Ionen gegenüber ähnlich wie das System Metall/Metallkation. Ein Unterschied besteht jedoch darin, daß sie, wie z. B. die Halogene negative Ionen in die Lösung schicken, daß also die Elektrode positiv geladen zurückbleibt. Daher ergibt sich für die Nernstsche Formel zunächst eine Umkehrung des Vorzeichens. Ferner entstehen aus den mehratomigen Molekülen mehrere Ionen. Bezeichnet man diese Zahl mit m, den osmotischen Druck der Ionen mit p und den Lösungsdruck mit P, so lautet für das System Metalloid/Metalloidion die Nernstsche Formel

$$E = \frac{R\,T}{n\,F} \ln P - \frac{R\,T}{n\,F} \ln p^m \, .$$

Es ist ferner zu beachten, daß im Gegensatz zu den Metallen und in der gleichen Weise wie bei der Wasserstoffelektrode der Lösungsdruck der Metalloide keine konstante Größe ist, sondern von der Konzentration abhängt. Es ist also

$$P = k \cdot C \, .$$

Da nun ferner $p = k' \cdot c$ ist, so kann die Nernstsche Formel auch geschrieben werden

$$E = \frac{R\,T}{n\,F} \ln k \cdot C - \frac{R\,T}{n\,F} \ln k'^m \cdot c^m \, .$$

Bei den Konzentrationen C und $c = 1$ wird auch bei diesem System das Normalpotential erreicht. Für diese Konzentrationen geht die Nernstsche Formel über in

$$E = E_0 = \frac{R\,T}{n\,F} \ln \frac{k}{k'^m} \, ,$$

so daß man also auch hier schreiben kann

$$E = E_0 - \frac{R\,T}{n\,F} \ln c^m \, ,$$

wenn C konstant gleich eins gehalten wird.

c) Oxydations/Reduktionssysteme.

Außer dem System Metall/Metallkation und Metalloid/Metalloidion können auch Oxydations-Reduktionssysteme potentialbildend sein.

Taucht man einen blanken Platindraht oder eine andere unangreifbare Elektrode wie z. B. Gold in eine Lösung, die gleichzeitig Ferri- und Ferroionen enthält, so wird einer solchen Elektrode gegenüber der Lösung ein Potential erteilt, dessen Größe von dem Verhältnis der Ferri- zur Ferro-Ionenkonzentration abhängt. Als das Normalpotential E_0 wird hierbei das Potential bezeichnet, welches sich bei einem Konzentrationsverhältnis Ferri/Ferroionen $= 1$ einstellt. Allgemein gilt für das Oxydations/Reduktionspotential jeder potentialbildenden Reaktion

$$E = E_0 + \frac{R\,T}{n\,F}\,\ln\frac{c_{\text{höhere Oxydationsstufe}}}{c_{\text{niedere Oxydationsstufe}}}\,.$$

Die Zahl n ergibt sich hierbei in gleicher Weise wie bei dem System Metalloid/Metalloidion aus der Anzahl der Ladungen, die bei dem Vorgang ausgetauscht werden

$$J_2 + 2\,(-) = 2\,J'\,;\quad n = 2.$$
$$Fe^{\cdots} + 1\,(-) = Fe^{\cdot\cdot}\,;\quad n = 1.$$

Auf die Berechnung der Potentiale wird im nächsten Abschnitt eingegangen werden.

II. Der potentialbildende Vorgang.

Von den Systemen Metall/Metallkation gibt es einige, wenn auch wenige wie das System Silber/Silberion, bei welchen die Elektrode noch genau, konzentrationsrichtig und praktisch momentan auf eine Ionenkonzentration anspricht, die kleiner ist als 10^{-23} Mol/Liter.

Taucht man eine Silberelektrode in eine 0,05 n-Silbernitratlösung, und setzt man dieser so viel Cyankalium zu, daß sie davon 1 n wäre, und schaltet man diese Elektrode gegen eine andere in 1 n-Silbernitratlösung tauchende Silberelektrode, so ist die elektromotorische Kraft dieser Konzentrationskette 1,327 Volt. In der hier untersuchten cyankalischen Lösung befindet sich das Silber infolge der Anwesenheit des großen Überschusses an Cyankali im wesentlichen in Gestalt des komplexen Kalium-Silber-Cyanids. Dieses Salz ist nur wenig dissoziiert, und die im Gleichgewicht vorhandene Silberionenkonzentration ergibt sich nach der Nernstschen Formel aus der EMK obiger Kette zu $8 \cdot 10^{-24}$ Grammionen in einem Liter. Vergleicht man damit, daß nach dem Avogadroschen Gesetz einem Grammatom eines Elementes die Masse von 10^{24} einzelnen Atomen entspricht, so ergibt sich, daß in einem Liter obenerwähnter Kalium-Silber-Cyanidlösung nur noch 8 einzelne Silberionen vorhanden wären. Würde man dieses Liter in zehn Teile von je 100 ccm teilen, so enthalten je zwei davon kein Silberion. Da jedoch jede beliebige Menge dieser Lösung das gleiche Potential der eingetauchten Silberelektrode erzeugt, so ist damit streng genommen die Annahme unvereinbar, daß die Silberionen für das Potential bestimmend sind. Auch durch die Vorstellung, daß in jedem Augenblick aus den komplexen Ionen immer kleine Mengen von Silberionen erzeugt würden und diese sehr schnell wieder zu diesen zusammenträten, so daß zwar im ganzen immer nur die oben berechnete kleine Silberionenkonzentration herrscht, aber doch in raschem Wechsel an den verschiedensten Stellen der Lösung Silberionen vorübergehend auftauchen, beseitigt man die Schwierigkeit nicht, da, wie F. Haber berechnet hat, die Geschwindigkeit, mit welcher diese abwechselnden Zersetzungen und Neubildungen zu erfolgen hätten, außerordentlich viel größer sein müßte als die Lichtgeschwindigkeit. Es ist vielmehr nach Haber (1) sehr wahrscheinlich, daß der Vorgang

$$Ag + 4\,CN' = Ag(CN)_4''' + 1\,(-)$$

das Potential des Silbers in cyankalischer Lösung bestimmt. Freilich hat dieses auch dann den gleichen Betrag, als ob es von jener winzigen Silberionenkonzentration bestimmt würde. In dem Gleichgewicht

$$Ag(CN)_4''' = Ag^{\cdot} + 4\,CN'$$

ist
$$[Ag^{\cdot}] = k\,\frac{[Ag\,(CN)_4''']}{[CN']^4}\,.$$

Setzt man dies in den Ausdruck der Nernstschen Formel (s. S. 5) ein, so ergibt sich für das Potential

$$E = E_0 + \frac{R\,T}{F}\,\ln k\,\frac{[Ag(CN)_4''']}{[CN']^4}\,.$$

In ähnlicher Weise dürften sich ganz allgemein die Potentiale eines Metalls gegen seine Komplexsalzlösungen darstellen lassen. Im allgemeinen wird es für die Verwertung solcher Potentiale allerdings genügen, wenn man sie zu der mit dem Betrag des Potentials zu vereinbarenden Ionenkonzentration des Metalls in Beziehung setzt. Doch sollte man dabei nicht vergessen, daß oft diese Ionenkonzentrationen viel zu klein sind, um unmittelbar das Potential bestimmen zu können.

Für die Berechnung der Potentiale verfährt man am zweckmäßigsten so, daß man nicht den potentialbildenden, sondern den stromliefernden Vorgang zugrunde legt.

Der stromliefernde Vorgang in den Systemen Metall/Metallkation ist der, daß — je nachdem, ob das Metall die Kathode oder die Anode ist — elektrisch neutrale Metallatome in positiv geladene Ionen übergehen oder umgekehrt, also schematisch

$$Me - \quad(-) = Me^+,$$
$$Me - 2\,(-) = Me^{++}\ \text{usw.}$$

Die Anzahl der bei diesem Vorgang aufgenommenen negativen Ladungen ergibt die Zahl n in der Nernstschen Formel, also

$$Ag - (-) = Ag^{\cdot};\ \ n = 1$$

und

$$E = E_0 + \frac{R\,T}{1\,F} \ln\,[\text{Ag}^{\cdot}]\,,$$

oder

$$\text{Cu} - 2\,(-) = \text{Cu}^{\cdot\cdot};\quad n = 2$$

und

$$E = E_0 + \frac{R\,T}{2\,F}\,\ln\,[\text{Cu}^{\cdot\cdot}]\,.$$

Den stromliefernden Vorgang bei den Systemen Metalloid/Metalloidion und die Berechnung der Potentiale erkennt man an folgenden Beispielen:

$$\text{Cl}_2 + 2\,(-) = 2\,\text{Cl}';\quad n = 2$$

und

$$E = E_0 - \frac{R\,T}{2\,F}\ln\,[\text{Cl}']^2\,,$$

oder

$$\text{O}_2 + 4\,(-) = 2\,\text{O}'';\quad n = 4$$

und

$$E = E_0 - \frac{R\,T}{4\,F}\ln\,[\text{O}'']^2\,.$$

Bei den Oxydations-Reduktionsreaktionen sind die stromliefernden Vorgänge dadurch gekennzeichnet, daß diese mit und ohne die Beteiligung von Wasserstoffionen verlaufen können. Folgende Beispiele sollen dies zeigen:

$$\text{Fe}^{\cdot\cdot\cdot} + 1\,(-) = \text{Fe}^{\cdot\cdot};\quad n = 1$$

und

$$E = E_0 + \frac{R\,T}{1\,F}\,\ln\,\frac{[\text{Fe}^{\cdot\cdot\cdot}]}{[\text{Fe}^{\cdot\cdot}]}\,,$$

oder

$$\text{MnO}_4' + 8\,\text{H}^{\cdot} + 5\,(-) = \text{Mn}^{\cdot\cdot} + 4\,\text{H}_2\text{O};\quad n = 5$$

und

$$E = E_0 + \frac{R\,T}{5\,F}\,\ln\,\frac{[\text{MnO}_4'] [\text{H}^{\cdot}]^8}{[\text{Mn}^{\cdot\cdot}] [\text{H}_2\text{O}]^4}\,.$$

Diese letzte Gleichung kann nun noch vereinfacht werden. Da die Reaktion in wässeriger Lösung verläuft, kann — unabhängig von der bei der Reaktion jeweils entstehenden Wassermenge — die Gesamtkonzentration an Wasser als konstant betrachtet werden. Die Größe [H_2O] wird daher in den Ausdruck E_0 mit einbezogen, und man schreibt

$$E = E_0 + \frac{R\,T}{5\,F}\,\ln\,\frac{[\text{MnO}_4'] [\text{H}^{\cdot}]^8}{[\text{Mn}^{\cdot\cdot}]}\,.$$

Dies gilt auch allgemein für solche Fälle, bei denen ein schwerlöslicher Stoff als Reaktionsprodukt auftritt, da seine Konzentration ebenfalls als konstant angesehen werden kann.

$$MnO_4' + 4\,H^{\cdot} + 3\,(-) = MnO_2 + 2\,H_2O; \quad n = 3$$

und

$$E = E_0 + \frac{R\,T}{3\,F}\ln [MnO_4']\,[H^{\cdot}]^4 .$$

Die Normalpotentiale einer Reihe potentialbildender Systeme sind in Tabelle 1 wiedergegeben. Sie beziehen sich alle auf die Normalwasserstoffelektrode.

Tabelle 1.

$Mg/Mg^{\cdot\cdot}$	:	$-1,55$ Volt;	$Cr^{\cdot\cdot\cdot}/Cr^{\cdot\cdot}$	: $-0,4$ Volt;
$Zn/Zn^{\cdot\cdot}$	:	$-0,76$,,	$Ti^{\cdot\cdot\cdot\cdot}/Ti^{\cdot\cdot\cdot}$	: $-0,04$,,
$Fe/Fe^{\cdot\cdot}$	:	$-0,44$,,	$Cu^{\cdot\cdot}/Cu^{\cdot}$	: $+0,18$,,
$Cd/Cd^{\cdot\cdot}$	:	$-0,40$,,	$Sn^{\cdot\cdot\cdot\cdot}/Sn^{\cdot\cdot}$	: $+0,20$,,
$Tl/Tl^{\cdot}$	:	$-0,33$,,	$FeCy_6^{\cdot\cdot\cdot}/FeCy_6^{\cdot\cdot\cdot\cdot}$	: $+0,40$,,
$Pb/Pb^{\cdot\cdot}$	:	$-0,12$,,	$Fe^{\cdot\cdot\cdot}/Fe^{\cdot\cdot}$	: $+0,75$,,
$Sn/Sn^{\cdot\cdot}$	:	$-0,10$,,	$2\,Hg^{\cdot\cdot}/Hg_2^{\cdot\cdot}$	: $+0,92$,,
$H_2/2\,H^{\cdot}$	:	$\mp\,0,00$,,	$Tl^{\cdot\cdot\cdot}/Tl^{\cdot}$	: $+1,24$,,
$Cu/Cu^{\cdot\cdot}$	:	$+0,34$,,	$VO_4'''/VO^{\cdot\cdot}$	: $+1,111$,,
$Ag/Ag^{\cdot}$	:	$+0,80$,,	$CrO_4''/Cr^{\cdot\cdot\cdot}$	: $+1,3$,,
$Hg/Hg^{\cdot\cdot}$	:	$+0,86$,,	$PbO_2/Pb^{\cdot\cdot}$	: $+1,44$,,
$Au/Au^{\cdot}$	:	$+1,5$,,	$Ce^{\cdot\cdot\cdot\cdot}/Ce^{\cdot\cdot\cdot}$	: $+1,45$,,
			$MnO_4'/Mn^{\cdot\cdot}$	: $+1,52$,,
$Cl_2/2\,Cl'$	:	$+1,36$,,	MnO_4'/MnO_2	: $+1,63$,,
$Br_2/2\,Br'$	:	$+1,08$,,	$Co^{\cdot\cdot\cdot}/Co^{\cdot\cdot}$	: $+1,8$,,
$J_2/2\,J'$	:	$+0,54$,,	$Pb^{\cdot\cdot\cdot\cdot}/Pb^{\cdot\cdot}$	: $+1,8$,,

III. Der Potentialverlauf bei Titrationen.

In den vorhergehenden Abschnitten wurde gezeigt, daß die gesetzmäßigen Beziehungen zwischen der Größe des Potentials und der Konzentration der Lösung an wirksamen Ionen durch die Nernstsche Formel wiedergegeben werden. Sind also die Normalpotentiale ($c = 1$) bekannt, so läßt sich danach die Konzentration an wirksamen Ionen auch in einer Lösung unbekannter Zusammensetzung bestimmen. Zu diesem Zwecke müßte man zwei Elektroden geeigneter Art, die Lösung mit bekannter Konzentration, z. B. $c = 1$ und die Lösung unbekannter Zusammensetzung zu einem galvanischen Element kombinieren und seine elektromotorische Kraft messen. Aus der ermittelten EMK, dem Normalpotential und der bekannten Ionenkonzentration der einen Lösung könnte dann nach der Nernstschen Formel die Ionenkonzentration der ihrem Gehalte nach unbekannten Lösung berechnet werden. Auf solche Weise wird bekanntlich auch die Bestimmung der Wasserstoffionenkonzentration (p_H) elektrometrisch durchgeführt. Der Aktivitätskoeffizient schließlich liefert die Beziehung zwischen der Gesamtkonzentration und der Konzentration der frei verfügbaren, also der wirksamen Ionen in der Lösung. Die Methode ist jedoch analytisch nicht zu verwerten, da ihre Genauigkeit zu gering ist, und da — wie leicht einzusehen ist — auch das Volumen der zu untersuchenden Lösung genau bekannt sein müßte. Man geht daher bei der potentiometrischen Analyse andere Wege, und zwar wird die Konzentrationsänderung in der zu untersuchenden Lösung im Verlaufe einer Titration festgestellt.

Diese Konzentrationsänderung nimmt einen ganz charakteristischen Verlauf, was an folgendem Beispiel gezeigt werden soll. Gibt man zu einer Lösung, die Silberionen enthält, Chlorionen hinzu, so bildet sich das schwerlösliche Silberchlorid. Die Konzentration an Silberionen nimmt dabei ab. Diese Abnahme wird zunächst relativ gering sein, da insgesamt noch viel Silberionen vorhanden sind. Mit steigendem Zusatz an Chlorionen nimmt diese Änderung jedoch dauernd zu und erreicht schließlich am Äquivalenzpunkt ihren größten Wert, da ja hierbei die Silberionenkonzentration auf einen Betrag vermindert wird, der dem Löslichkeitsprodukt des Silberchlorids entspricht. Trägt man in einem Koordinatensystem auf der Abszisse die Anzahl der zugesetzten ccm einer NaCl-Lösung, auf der Ordinate die entsprechenden Werte für die Silberionenkonzentration auf, und verbindet man die aus den zusammengehörenden Werten resultierenden Schnittpunkte, so erhält man eine Kurve, wie sie z. B. Abb. 2 darstellt.

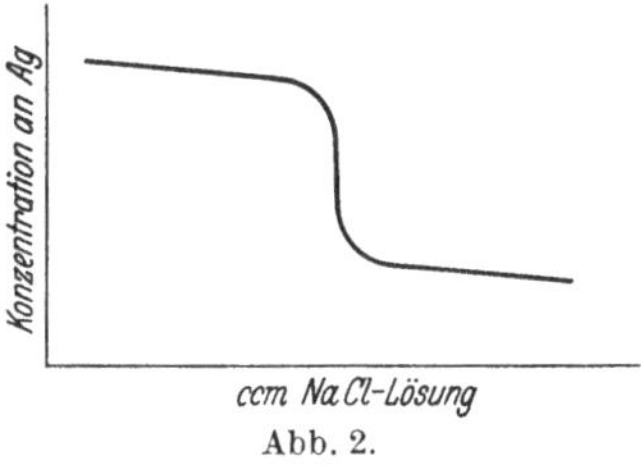

Abb. 2.

Diese Kurve zeigt, daß der Äquivalenzpunkt dadurch charakterisiert ist, daß er im Gebiete der größten Konzentrationsänderung bei Zusatz jeweils gleicher Mengen Maßflüssigkeit liegt. Hätte man die Möglichkeit, festzustellen, wann bei Zusatz von etwa 1 Tropfen einer 0,1 n-Maßlösung die größte Konzentrationsänderung des zu bestimmenden Stoffes stattfindet, so wäre es damit auch möglich, den Äquivalenzpunkt mit der Genauigkeit zu bestimmen, welche diesem einen Tropfen zugesetzter Maßlösung entspricht.

Nun wissen wir, daß in einem potentialbildenden System gesetzmäßige Beziehungen zwischen der Konzentration an wirksamen Ionen und dem Potential bestehen, die durch die Nernstsche Formel wiedergegeben werden. Dasselbe gilt naturgemäß nun auch für die Beziehungen zwischen den Konzentrations- und den Potentialänderungen

$$\varDelta E = \frac{R\,T}{n\,F}\,(\ln c_1 - \ln c_2)\,,$$

worin $\varDelta E$ die der Konzentrationsänderung $c_1 - c_2$ entsprechende Potentialänderung bedeutet. Liegt also bei einer Titration ein potentialbildendes System vor, so wird das im Gebiete des Äquivalenzpunktes gelegene Maximum der Konzentrationsänderung durch eine maximale Potentialänderung, einen „Potentialsprung" angezeigt. Dann ist es aber auch möglich, Titrationen mit potentiometrischer Indizierung des Äquivalenzpunktes durchzuführen. Trägt man in einem Koordinatensystem auf der Abszisse wieder die zugesetzten ccm Maßflüssigkeit, auf der Ordinate aber die Potentiale auf, und verbindet man die aus den zusammengehörenden Werten resultierenden Schnittpunkte, so erhält man eine „Potentialkurve", die in ihrem Verlauf der in Abb. 2 dargestellten

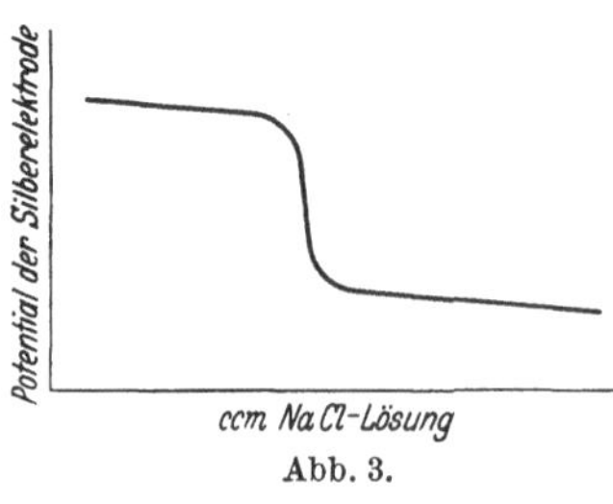

Abb. 3.

Kurve ganz ähnlich ist (Abb. 3). Der Äquivalenzpunkt liegt im Gebiete der größten Steilheit der Potentialkurve und ist mit ihrem Wendepunkt selbst identisch. Dies zeigen auch folgende Überlegungen:

Bei der Titration von Silberionen mit einer Natriumchloridlösung liegt genau im Äquivalenzpunkt eine gesättigte Lösung von Silberchlorid vor. Die Silberionenkonzentration ergibt sich hierbei aus dem Löslichkeitsprodukt von Silberchlorid, und zwar ist

$$[Ag^.] = \sqrt{K_{AgCl}} = 1{,}28 \cdot 10^{-5} \; Mol./Liter.$$

Hat die zu titrierende Silbernitratlösung ein Volumen von 100 ccm, wird als Maßflüssigkeit eine 0,1 n-Natriumchloridlösung verwendet, und entspricht ein Tropfen davon einem Volumen von 0,03 ccm oder $3 \cdot 10^{-6}$ Mole Natriumchlorid, so läßt sich die Silberionenkonzentration vor und nach der Erreichung des Äquivalenzpunktes folgendermaßen berechnen:

Fehlen noch x Tropfen der 0,1 n-Natriumchloridlösung bis zur Erreichung des Äquivalenzpunktes, oder ist die gleiche Anzahl von x Tropfen über den Äquivalenzpunkt hinaus vorhanden, so liegen die gleichen Verhältnisse vor, wie wenn zu der an Silberchlorid gesättigten Lösung x Tropfen einer 0,1 n-Silbernitrat- oder Natriumchloridlösung hinzugegeben werden. Dies entspricht in Konzentrationen ausgedrückt der Menge von $x \cdot 3 \cdot 10^{-5}$ Mol-Liter, da die hinzugefügten $x \cdot 3 \cdot 10^{-6}$ Mol nicht in 1000, sondern nur in 100 ccm der zu untersuchenden Lösung vorhanden sind. Von den zugesetzten Silber- bzw. Chlorionen geht ein Teil in den Niederschlag, da durch den gleichionigen Zusatz die Löslichkeit des Silberchlorids herabgesetzt wird. Der Rest bleibt in Lösung. Die Konzentrationsänderung an Silberionen in der Lösung durch den Zusatz von x Tropfen 0,1 n-Silbernitratlösung soll mit $\Delta Ag^.$ bezeichnet werden. Der Anteil, der von den zugesetzten x Tropfen in den Niederschlag geht, ist äquivalent einer gleich großen Menge von Chlorionen, die gleichzeitig unter Bildung von Silberchlorid aus der Lösung verschwinden. Deren Konzentrationsabnahme sei $\Delta Cl'$. Dann ist

$$x \cdot 3 \cdot 10^{-5} = \Delta Ag^. + \Delta Cl' . \qquad 1)$$

In der Lösung ist stets

$$[Ag^.] \cdot [Cl'] = K_{AgCl} .$$

Im Äquivalenzpunkt ist

$$[\mathrm{Ag}^{\cdot}] = [\mathrm{Cl}'] = \sqrt{\mathrm{K_{AgCl}}}\,.$$

Durch den Zusatz von x Tropfen 0,1 n-Silbernitratlösung wächst die Konzentration an Silberionen um $\varDelta\,\mathrm{Ag}^{\cdot}$ auf $\sqrt{\mathrm{K_{AgCl}}} + \varDelta\,\mathrm{Ag}^{\cdot}$. Die Konzentration an Chlorionen sinkt entsprechend von $\sqrt{\mathrm{K_{AgCl}}}$ auf $\sqrt{\mathrm{K_{AgCl}}} - \varDelta\,\mathrm{Cl}'$. Es gilt also für das neue Gleichgewicht

$$(\sqrt{\mathrm{K_{AgCl}}} + \varDelta\,\mathrm{Ag}^{\cdot})\,(\sqrt{\mathrm{K_{AgCl}}} - \varDelta\,\mathrm{Cl}') = \mathrm{K_{AgCl}}\,. \qquad 2)$$

Setzt man $\varDelta\,\mathrm{Cl}'$ aus Gleichung 1 in Gleichung 2 ein, so folgt

$$(\sqrt{\mathrm{K_{AgCl}}} + \varDelta\,\mathrm{Ag}^{\cdot})\,(\sqrt{\mathrm{K_{AgCl}}} + \varDelta\,\mathrm{Ag}^{\cdot} - x \cdot 3 \cdot 10^{-5}) = \mathrm{K_{AgCl}}$$

oder daraus

$$\varDelta\,\mathrm{Ag}^{\cdot} = -{}^{1}/_{2}\,(2\sqrt{\mathrm{K_{AgCl}}} - x \cdot 3 \cdot 10^{-5}) + \sqrt{\mathrm{K_{AgCl}} + {}^{1}/_{4}\,(x \cdot 3 \cdot 10^{-5})^{2}}\,. \qquad 3)$$

Führt man diese Rechnung unter der Annahme durch, daß an Stelle von Silbernitrat x Tropfen einer 0,1 n-Natriumchloridlösung hinzugegeben werden, so erhält man in gleicher Weise als Endgleichung den Ausdruck

$$-\varDelta\,\mathrm{Ag}^{\cdot} = -{}^{1}/_{2}\,(2\sqrt{\mathrm{K_{AgCl}}} + x \cdot 3 \cdot 10^{-5}) + \sqrt{\mathrm{K_{AgCl}} + {}^{1}/_{4}\,(x \cdot 3 \cdot 10^{-5})^{2}}\,. \qquad 4)$$

Die Gleichungen 3 und 4 geben die Konzentrationsänderungen der Silberionen vor und nach dem Äquivalenzpunkt wieder. Aus beiden Gleichungen ersieht man, daß die Zunahme bzw. Abnahme der Konzentration auf beiden Seiten des Äquivalenzpunktes vollkommen symmetrisch erfolgt. Um dies deutlicher zu machen, kann man die Gleichungen auch folgendermaßen schreiben:

$$+\varDelta\,\mathrm{Ag}^{\cdot} = +{}^{1}/_{2} \cdot x \cdot 3 \cdot 10^{-5} - a + b$$

und

$$-\varDelta\,\mathrm{Ag}^{\cdot} = -{}^{1}/_{2} \cdot x \cdot 3 \cdot 10^{-5} - a + b\,,$$

worin $a = \sqrt{\mathrm{K_{AgCl}}}$ und $b = \sqrt{\mathrm{K_{AgCl}} + {}^{1}/_{4}\,(x \cdot 3 \cdot 10^{-5})^{2}}$ ist. Die Potentialkurve muß daher ebenfalls vollkommen symmetrisch zum Äquivalenzpunkt verlaufen.

Die Potentialkurve kann ferner wegen des additiven Gliedes $\mathrm{K_{AgCl}}$ in dem Wurzelausdruck des zweiten Teiles der Gleichung nicht linear verlaufen, denn die Konzentrationsveränderungen bei gleicher Tropfenzahl zugesetzter Silbernitrat- bzw. Natriumchloridlösung müssen danach um so größer sein, je mehr man sich dem Äquivalenzpunkt nähert. Dies bedingt ferner, daß bei der Titration die Konzentrationsänderungen je Einheit zugesetzter Maßflüssigkeit bis zum Äquivalenzpunkt zunehmen, danach aber im gleichen Maße abnehmen. Der Äquivalenzpunkt selbst muß also im Wendepunkt der Potentialkurve liegen.

Von wesentlicher Bedeutung für die potentiometrische Titration ist die Größe der auftretenden Potentialänderungen. Die durch den Zusatz von x Tropfen der 0,1 n-Silbernitratlösung bedingte Potentialänderung einer in die mit AgCl gesättigten Lösung eintauchenden Silberelektrode berechnet sich nach der Nernstschen Formel unter Verwendung des Ausdruckes der Gleichung 3 zu

$$E = \frac{R\,T}{F}\,1\,n\left[\frac{x\cdot 3\cdot 10^{-5}}{2\,\sqrt{K_{AgCl}}} + \sqrt{1 + \frac{(x\cdot 3\cdot 10^{-5})^2}{4\,K_{AgCl}}}\right]. \qquad 5)$$

Die Steigung der Potentialkurve gibt nun der Differentialquotient $\frac{d\,E}{d\,x}$ wieder. Differenziert man Gleichung 5 nach dx, so erhält man

$$\frac{d\,E}{d\,x} = \frac{R\,T}{F}\cdot\frac{1}{\sqrt{4\,K_{AgCl} + (x\cdot 3\cdot 10^{-5})^2}}. \qquad 6)$$

Praktisch verwendet man für den Differentialquotienten den Differenzenquotienten

$$\frac{\varDelta\,E}{\varDelta\,x} = \frac{R\,T}{F}\cdot\frac{1}{\sqrt{4\,K_{AgCl} + (x\cdot 3\cdot 10^{-5})^2}}. \qquad 7)$$

Aus der Gleichung 7 geht hervor, daß der Potentialsprung am Äquivalenzpunkt am größten ist, da hier $x = 0$ wird.

Bei der Erörterung vorstehender Fragen sind eine Reihe von Faktoren nicht berücksichtigt worden, was zwar zum Verständnis nicht unbedingt erforderlich ist, die jedoch bei einer exakten Behandlung mit in Rechnung gestellt werden müssen. Es sind dies besonders die Veränderung des Volumens der zu untersuchenden Lösung während der Titration, die Berücksichtigung der Ionenaktivitäten usw., worüber im Schrifttum ausführlich berichtet worden ist (2). Für die gewöhnlichen Titrationen wird im allgemeinen die Berücksichtigung der hier dargelegten Gesichtspunkte genügen.

IV. Der Potentialsprung.

Für jede potentiometrische Titration spielt die absolute Größe des Potentialsprunges am Äquivalenzpunkt eine besondere Rolle, da ein steiler und möglichst großer Sprung für die Genauigkeit der Bestimmung wesentlich ist.

Die Größe des Potentialsprunges hängt von dem Grad der Konzentrationsänderung am Äquivalenzpunkt ab. Da diese aber wieder ausschlaggebend von der Lage des Gleichgewichtes bestimmt wird, so ist die Gleichgewichtskonstante — bei schwerlöslichen Reaktionsprodukten das Löslichkeitsprodukt — der maßgebende Faktor. Bei der Titration von Silberionen mit Chlorid fällt die Silberionenkonzentration am Äquivalenzpunkt auf einen Betrag, der gleich der Quadratwurzel aus dem Löslichkeitsprodukt des Silberchlorids ist. Bei der analogen Titration mit Jodid fällt die Silberionenkonzentration jedoch auf einen Betrag, der gleich der Quadratwurzel aus dem Löslichkeitsprodukt des Silberjodids ist. Das Löslichkeitsprodukt des Chlorsilbers ist $K_{AgCl} = 1{,}56 \cdot 10^{-10}$, das des Silberjodids aber nur $K_{AgCl} = 4{,}2 \cdot 10^{-17}$; d. h. unter sonst gleichen Bedingungen fällt die Silberionenkonzentration bei der Titration mit Chlorid auf $1{,}28 \cdot 10^{-5}$ Mol/l, bei der Titration mit Jodid hingegen auf $6{,}48 \cdot 10^{-9}$ Mol/l. Demgemäß ist auch der Potentialsprung bei der Titration mit Jodid entsprechend größer als bei der mit Chlorid, und allgemein gilt, daß der Potentialsprung um so größer wird, je kleiner das Löslichkeitsprodukt des entstehenden Reaktionsproduktes ist. Dasselbe gilt für die Beziehungen zwischen der Größe des Potentialsprunges und der Gleichgewichtskonstanten bei Komplexbildungs- und Oxydations/Reduktionsreaktionen. Ein stärkeres Oxydations- oder Reduktionsmittel wird also bei der Titration unter sonst gleichen Begingungen einen größeren Potentialsprung am Äquivalenzpunkt hervorrufen als ein schwächeres, da auch hierbei das Gleichgewicht weiter zugunsten einer Seite verschoben wird.

In diesen Erscheinungen liegt bereits eingeschlossen, daß nur solche Reaktionen für eine potentiometrische Bestimmung verwendet werden können, bei denen die Gleichgewichtskonstante oder das Löslichkeitsprodukt einen bestimmten maximalen Wert nicht überschreitet. Denn werden diese zu groß, so findet auch im Gebiete des Äquivalenzpunktes nur eine allmähliche, aber keine „sprunghafte" Änderung der Konzentration statt, und es tritt nur ein sehr flacher Potentialsprung auf, der den Äquivalenzpunkt selbst nicht mehr erkennen läßt.

Die gesamte Potentialänderung vom Beginn bis zum Ende der Titration hängt außerdem teilweise auch von der Anfangskonzentration ab. Bei der Fällungsreaktion von Silberionen mit Chlorid ist das Potential des Endpunktes genau definiert durch das Löslichkeitsprodukt des Chlorsilbers. Das Anfangspotential ist jedoch je nach der vorhandenen Silberionenkonzentration verschieden. Bei den Komplexbildungsreaktionen liegen die Verhältnisse ähnlich.

Die Verhältnisse bei den Oxydations/Reduktionsreaktionen können verschieden liegen. In einer Lösung von Ferro-Eisen, die mit einem Oxydationsmittel titriert werden soll, ist das Potential nur von dem Verhältnis der Konzentrationen von Ferri- zu Ferro-Ionen abhängig. Hier kommt es also nicht auf die absoluten Konzentrationen, sondern nur auf ihr Verhältnis an. Anders ist es bei solchen Oxydations/Reduktionsgleichgewichten, an denen auch noch Wasserstoffionen beteiligt sind, wie z. B.

$$MnO'_4 + 8\,H^{\cdot} + 5\,(-) = Mn^{\cdot\cdot} + 4\,H_2O.$$

Da entsprechend der Nernstschen Formel

$$E = E_0 + \frac{R\,T}{5\,F} \ln \frac{[MnO_4{}'] \, [H^\cdot]^8}{[Mn^{\cdot\cdot}]}$$

die Größe des Potentials von den Wasserstoffionen mitbestimmt wird, so ist sowohl das Anfangs- als auch das Endpotential und zumeist auch der Potentialsprung selbst je nach der vorhandenen Wasserstoffionenkonzentration verschieden groß.

Was die Abhängigkeit des Potentialsprunges von der Konzentration der verwendeten Maßlösung betrifft, so ist es einleuchtend, daß seine Größe mit der Konzentration dieser Lösung zunimmt, also bei einer $^1/_1$ n-Lösung größer ist als bei einer $^1/_{10}$, bei dieser wieder größer als bei einer $^1/_{100}$ usw.

Selbstverständlich ist der Potentialsprung um so größer, je kleiner das Volumen der zu untersuchenden Lösung ist.

V. Das Umschlagspotential.

Hierunter versteht man das Potential, welches am Äquivalenzpunkt — dem „Umschlagspunkt" — vorhanden ist. Wie sich aus den Darlegungen im vorhergehenden Abschnitt ergibt, ist dieses nur dann genau definiert, wenn die Gleichgewichtskonstante bzw. das Löslichkeitsprodukt und gegebenenfalls auch die Gleichgewichtskonzentrationen ausreichend bekannt sind. Für die meisten Fällungsreaktionen — z. B. von Silberionen mit Chlorid, Jodid usw. — ist der Endpunkt der Titration und damit auch das Umschlagpotential durch die Löslichkeitsprodukte der entstehenden schwerlöslichen Salze — also AgCl, AgJ usw. — genau bestimmt. Bei anderen Reaktionen gilt dies nicht immer, da bei den Oxydations/Reduktionsreaktionen das Potential auch noch von der Wasserstoffionenkonzentration abhängig sein kann, wie z. B. bei der Titration von oder mit Permanganat. Um das Umschlagpotential in solchen Fällen genau festlegen zu können, muß auch noch die im Äquivalenzpunkt vorhandene Wasserstoffionenkonzentration bekannt sein.

Will man bei einer potentiometrischen Titration also derart vorgehen, daß bis zum Umschlagpotential titriert werden soll, so müssen solche Umstände berücksichtigt werden. Titriert man hingegen auf „Sprung", so spielt das Umschlagpotential selbst keine Rolle, da man einfach solange Maßflüssigkeit zu der Lösung hinzulaufen läßt, bis bei Zugabe gleicher Mengen — etwa 1 oder 2 Tropfen — die größte Potentialänderung auftritt.

Das Umschlagpotential wird zumeist mit E_U bezeichnet.

B. Ausführung der Potentialmessungen.

Um die Konzentrationsveränderungen im Verlaufe einer Titration potentiometrisch verfolgen zu können, ist es notwendig, die zu untersuchende Lösung, eine in diese Lösung eintauchende Elektrode, welche auf die Konzentration der zu bestimmenden Ionen anspricht — die sogenannte Indicatorelektrode — und eine Vergleichselektrode, welche diesen Ionen gegenüber indifferent ist, zu einem galvanischen Element zu kombinieren und seine elektromotorische Kraft laufend zu messen. Die Messung muß praktisch stromlos durchgeführt werden, da sich die Elektroden sonst polarisieren. Dadurch würde nicht nur eine Verfälschung der Meßergebnisse eintreten, sondern der Potentialsprung kann auch so weit verflacht werden, daß der Äquivalenzpunkt selbst nicht mehr festzustellen ist.

I. Die Meßeinrichtungen.

Für die Potentialmessungen bei der potentiometrischen Analyse kommen folgende drei Verfahren in Betracht:

1. Die Kompensationsmethode nach Poggendorf,
2. die Messung mit Milliamperemeter und Vorwiderstand,
3. die Messung mit dem Röhrenvoltmeter.

a) Die Kompensationsmethode.

Bei der Kompensationsmethode wird eine Meßbrücke, z. B. ein ausgespannter Meßdraht, ein Kurbelwiderstand, ein Dekadenrheostat oder dgl., zunächst so einreguliert, daß über ihrer ganzen Länge eine bekannte Spannung abfällt. Von dieser Meßbrücke können z. B. mittels Schleifkontaktes variable Teilbeträge dieser Spannung abgegriffen werden. Gegen diese abgegriffene Spannung wird nun der Kompensationskreis geschaltet, in welchem die Spannung des zu messenden Elektrodensystems liegt. Verschiebt man den Schleifkontakt der Meßbrücke solange, bis die abgegriffene Teilspannung gleich der zu messenden Spannung geworden ist, so fließt in dem Kompensationskreis kein Strom mehr. Die Stromlosigkeit — also ein Zeichen dafür, daß die Kompensation vollständig ist — erkennt man an einem im Kompensationskreis liegenden Nullinstrument. Hierfür ist früher fast ausschließlich das Capillarelektrometer verwendet worden; heute ersetzt man dieses durch empfindliche Galvanometer, die noch auf eine Stromstärke von 10^{-6} bis 10^{-7} Ampere gut ansprechen. Um zu vermeiden, daß der zu messenden Kette von der Kompensation Strom entzogen wird, legt man in den Kompensationskreis einen Unterbrecher, der als Taster ausgebildet ist und beim Niederdrücken den Stromkreis nur für kurze Zeit schließt. Eine Prinzipschaltung für das Kompensationsverfahren ist in Abb. 4 dargestellt.

M ist die Meßbrücke, A ein Akkumulator von 2 Volt Spannung, R ein veränderlicher Widerstand, N das Nullinstrument, T der Taster, S der Schleifkontakt der Meßbrücke und E eine zu messende Spannung.

Da die Spannung des Akkumulators nicht konstant ist, ist vor der eigentlichen Messung zunächst eine Eichung notwendig. Hierfür ver-

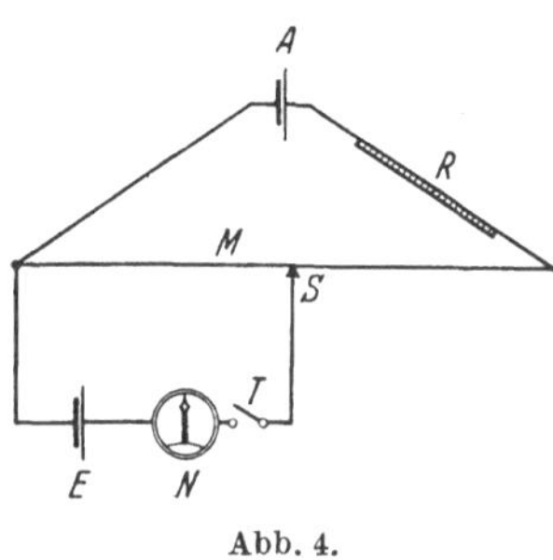

Abb. 4.

wendet man ein sogenanntes Normalelement mit einer Spannung von 1018,7 Millivolt. Mit Hilfe des Widerstandes R kann man die Spannung an den Enden der Meßbrücke so regulieren, daß diese etwa nur 1,5 Volt oder auch gleich der Spannung des Normalelementes ist. Ist dies erreicht, so zeigt das Nullinstrument beim Niederdrücken des Tasters T keinen Strom an, wenn mit dem Schleifkontakt S entweder etwa $^2/_3$ (bei 1,5 Volt) oder die ganze Länge der Meßbrücke (bei 1,0187 Volt) abgegriffen sind. Ist die Eichung beendet, so ersetzt man das Normalelement durch die zu messende Kette E und verschiebt den Schleifkontakt solange, bis das Nullinstrument wieder Stromlosigkeit anzeigt. Ist die Meßbrücke über ihre ganze Länge von gleichem Widerstand, so kann aus dem abgegriffenen Teil und der Gesamtlänge der Brücke die unbekannte Spannung berechnet werden.

b) Milliamperemeter und Vorwiderstand.

Verwendet man in dem galvanischen Element Elektroden von möglichst großer Oberfläche und ist das System an sich relativ wenig polarisierbar, so kann man die Messung der EMK auch mit Hilfe eines sehr empfindlichen Milliamperemeters vornehmen, wenn in den Stromkreis noch ein Widerstand von möglichst hoher Ohmzahl gelegt wird. Die zu messende Spannung wird also hier direkt durch einen Zeigerausschlag angezeigt, wenn zuvor mit einer bekannten Spannung eine Eichung der Anordnung durchgeführt wurde. Um möglichst einwandfreie Werte zu erhalten, ist es ferner notwendig, daß der innere Widerstand der zu messenden Kette nur sehr gering ist.

c) Das Röhrenvoltmeter.

Für die direkte Anzeige des Potentials verwendet man vorteilhafter ein Röhrenvoltmeter. Dieses bedient sich zur Spannungsmessung der aus der Radiotechnik bekannten Elektronenröhre. Eine solche Radioröhre besteht aus den drei wesentlichen Teilen: der Anode, der Kathode und dem Gitter. Diese befinden sich im Innern eines Glaskolbens, der durch besondere Maßnahmen sehr weitgehend evakuiert wird. Jede Röhre besitzt einen Sockel mit Steckerstiften, an welche die Zuführungen nach den Elektroden angelötet sind. Legt man zwischen Anode und Kathode einer solchen Röhre eine Gleichstromquelle, so fließt zunächst überhaupt kein Strom. Bringt man aber die als Draht ausgebildete Kathode durch einen elektrischen Strom zum Glühen, und hat man die Anode mit dem positiven, die Kathode mit dem negativen Pol der Gleichstromquelle verbunden, so fließt nunmehr ein Strom zwischen der Kathode und Anode der Röhre. Er wird als Anodenstrom bezeichnet. Die dritte Elektrode, das Gitter, befindet sich in Form einer Spirale oder als Netz aus dünnen Nickeldrähten zwischen der Kathode und der Anode dieser Elektronenröhre. Es stellt ein Hindernis für die Elektronen auf ihrem Wege von der Kathode zur Anode dar und muß daher zunächst eine Verminderung des Anodenstromes bewirken. Diese wird noch verstärkt durch die Einschnürung, welche die Elektronenbahnen durch das elektrische Feld erfahren. Schaltet man nun zwischen Gitter und Kathode auch eine Gleichstromquelle, deren jeweilige Spannung als Gitterspannung bezeichnet wird, und legt man den positiven Pol an das Gitter, den negativen an die Kathode der Röhre, so unterstützt das positiv geladene Gitter noch die Wirkung der Anode. Der Anodenstrom wird größer. Ein Teil der Elektronen wird aber auch in das Gitter hineingezogen. In dem Gitter-Kathoden-Stromkreis entsteht dadurch ein Strom, der Gitterstrom. Die Summe von Gitter- und Anodenstrom bezeichnet man als Emissionsstrom. Erhält jedoch das Gitter gegenüber der Kathode eine negative Spannung, so wirkt das Gitter abstoßend auf die Elektronen. Bei einem bestimmten negativen Potential des Gitters werden schließlich überhaupt keine Elektronen mehr von ihm aufgenommen, und der Gitterstrom wird zu Null. Gitter und Kathode verhalten sich dann wie die Belege eines verlustfreien Kondensators mit sehr kleiner Kapazität. Dieser Umstand gestattet die Verwendung von Elektronenröhren zur stromlosen Messung elektromotorischer Kräfte. Fließt kein Gitterstrom, so erfordern die durch eine Änderung der Gitterspannung bedingten Veränderungen des Anodenstromes keinerlei Leistungsaufwand. Der Stromverbrauch bleibt auf die außerordentlich geringe Menge beschränkt, die zum Aufladen des Kondensators mit einer Kapazität von wenigen Zentimetern notwendig ist. Die Steuerung des Anodenstromes durch die Gitterspannung erfolgt trägheitslos, und man kann aus der Größe des Anodenstromes auf die Spannung schließen, die zwischen Gitter und Kathode an die Röhre gelegt ist.

Um eine möglichst hohe Empfindlichkeit der Anordnung und eine hohe Meßgenauigkeit zu erzielen, sollen schon geringe Gitterspannungen eine große Änderung des Anodenstromes hervorrufen. Trägt man die zu jeder Gitterspannung gehörenden Anodenstromstärken in ein Koordinatensystem ein, so resultiert eine Kurve, die man als Gitterspannung-Anodenstrom-Kennlinie bezeichnet. Eine solche „Kennlinie" ist für eine Anodenspannung von 100 und 200 Volt bei konstanter Heizspannung von 4 Volt von einer Telefunkenröhre RE 134 in Abb. 5 wiedergegeben. Aus den Kurven ist ersichtlich, daß schon kleine Änderungen der Gitter-spannung relativ große Veränderungen des Ano-denstromes bewirken. Verläuft die Kennlinie Gitter-spannung-Anodenstrom sehr steil, so machen sich selbst außerordentlich kleine Änderungen der Gitterspannung im Anodenstromkreis bemerkbar. In diesem Sinne spricht man von der „Steilheit" einer Röhre. Große Steilheit bedingt also große Verstärkung.

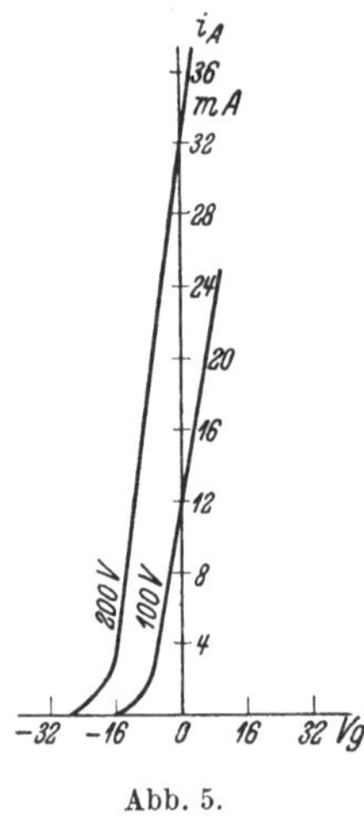

Abb. 5.

Für die Meßgenauigkeit ist ferner von Belang, daß die Änderungen des Anodenstromes der Gitter-spannung direkt proportional sind. Dies ist nur im geradlinigen Teil der Kennlinie der Fall. Es ist bei der Messung also darauf zu achten, daß der „Ar-beitspunkt" der Röhre in diesem geradlinigen Teil der Kennlinie liegt, was durch die Wahl einer ge-eigneten Gittervorspannung erreicht werden kann.

Die Größe des Anodenstromes kann je nach der verwendeten Röhre 20—50 Milliampere betragen, die Änderungen des Anodenstromes je 1 Volt Gittervorspannung jedoch allgemein nur 1—3 Milliampere. Um nun nicht den ganzen Anodenstrom messen zu müssen, und um die Meßgenauigkeit zu erhöhen, bedient man sich einer Kompensations-schaltung, so daß bei einer Messung nur die Änderung des Anodenstromes von einem empfindlichen Milliamperemeter an-gezeigt wird. Solche Kompensationsschaltungen sind in größerer Zahl bekannt geworden. Abb. 6 zeigt eine von Berl, Herbert und Wahlig (3) entwickelte Schaltung, bei welcher die Heizbat-terie zugleich als Kompensationsbatterie für den Anodenruhestrom verwendet wird.

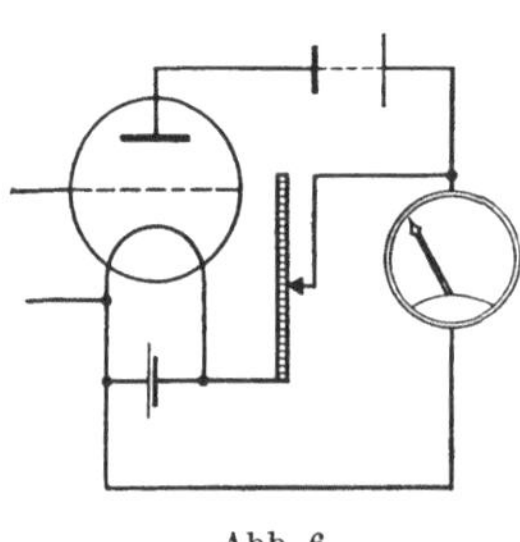

Abb. 6.

Ein Nachteil der meisten, nach diesen Prin-zipien aufgebauten Röhrenvoltmeter ist ihre schlechte Konstanz im Betrieb. Der Nullpunkt des Meßinstrumentes blieb auch nach der Kompensation nicht konstant. Der Grund für dieses Wandern des Nullpunktes ist, daß die Emission der Glühkathode noch sehr lange Zeit nach dem Einschalten des Heiz-stromes ansteigt, und daß auch die Stromquellen Schwankungen und einem Abfallen der Spannungen unterworfen sind. Man ist auch hier mit mehr oder weniger gutem Erfolg bemüht gewesen, diesem Übelstand abzuhelfen.

Eine praktisch vollkommene Nullpunktkonstanz ist mit einfachen Mitteln bei dem Zwillingsröhrenvoltmeter (4) erzielt worden. Bei diesem

Gerät ist die schon früher zusammen mit zwei gleichen Röhren angewendete **Wheatstonsche** Brückenschaltung im Prinzip beibehalten worden. Da jedoch selbst zwei Röhren der gleichen Type sich in ihren Daten etwas unterscheiden, wurden sie durch eine sogenannte Zwillingsröhre, Type Valvo NZ 420 ersetzt. Die Zwillingsröhre enthält zwei Systeme der gleichen Art in einem gemeinsamen Glaskolben. Diese beiden Systeme arbeiten unter völlig gleichen Bedingungen, wie gleiche Güte des Vakuums usw., so daß eine ansteigende oder abfallende Emission der Glühkathode und Veränderungen der Betriebsspannungen sich auf beide Systeme gleichzeitig und auch ziemlich gleichmäßig auswirken. Dadurch wird eine sehr wirksame, automatisch funktionierende Nullpunktkorrektion erzielt. Bei dem Zwillingsröhrenvoltmeter wurden ferner — im Gegensatz zu anderen Geräten — beide Gitter direkt miteinander verbunden. Das Gitterpotential des einen Systems dient also gleichsam als Gittervorsprung für das Gitter des zweiten Systems und umgekehrt. Die Gitterpotentiale der beiden Systeme gleichen sich dabei vollkommen an. Durch diese Schaltung stellt sich das günstigste Gitterpotential ebenfalls automatisch ein. Der Gitterstrom bewegt sich dabei bei den handelsüblichen Röhren in der Größenordnung von nur etwa 10^{-9} Ampere. Sind beide Gitter kurzgeschlossen, so ist die Potentialdifferenz zwischen beiden Gittern praktisch gleich Null. Die zu messende Spannung wird nun zwischen die beiden Gitter geschaltet. Das mit dem positiven Pol der zu messenden Spannung verbundene Gitter wird dabei gegenüber der Kathode positiv, das mit dem negativen Pol verbundene Gitter gegenüber der Kathode negativ aufgeladen. Als Folge davon steigt der Anodenstrom des einen Systems, während der des anderen geringer wird. Ein Schaltschema für das Zwillingsröhrenvoltmeter ist in Abb. 7 wiedergegeben. Die Kathode der Röhre führt zu zwei Buchsen $+ H$ und $- H$, die mit dem positiven und negativen Pol einer Heizstromquelle (Akkumulator) von 4 Volt verbunden werden können. Von den Anoden der Zwillingsröhre wird die eine sowohl mit dem einen Anschluß eines Milliamperemeters mit einer Empfindlich-

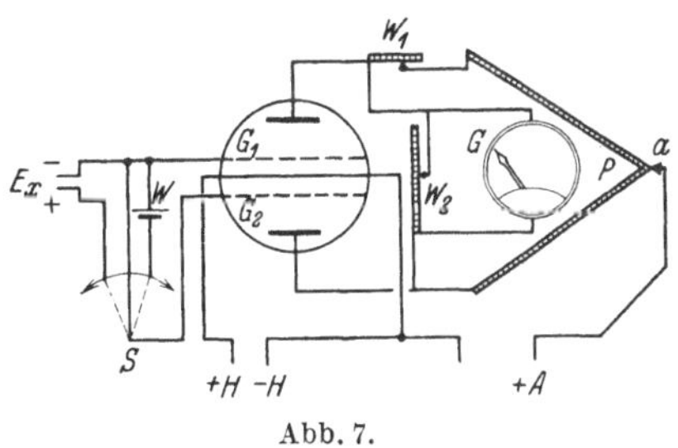

Abb. 7.

keit von 0,2 bis 0,5 Milliampere für den ganzen Ausschlag als auch mit dem einen Ende eines Potentiometers P von 5000—10000 Ohm Widerstand verbunden. Von der zweiten Anode geht eine Drahtverbindung einerseits zu dem zweiten Anschluß des Milliamperemeters G, andererseits über einen veränderlichen Widerstand W_1 von 500 Ohm zu dem anderen Ende des Potentiometers P. Von dem veränderlichen Abgriff a des Potentiometers P führt eine Verbindung zu einer Buchse $+ A$, die mit dem positiven Pol einer Anodenbatterie von 100—120 Volt verbunden werden kann. Parallel zu dem Milliamperemeter G liegt ein veränderlicher Widerstand W_2 von z. B. 500 Ohm, der zur Regulierung der Stromempfindlichkeit des Milliamperemeters dient. Diese Anordnung entspricht der Wheatstonschen Brückenschaltung.

Von den beiden Gittern G_1 und G_2 wird das eine mit einer Buchse $- E_x$ verbunden, an die der negative Pol einer zu messenden Spannung E_x angeschlossen werden kann. Das zweite Gitter führt zu einem Dreifachumschalter S, mit dessen Hilfe folgende Verbindungen hergestellt werden können:

1. Beide Gitter werden kurzgeschlossen.

2. Zwischen beide Gitter kann ein Weston-Normalelement W oder eine andere Vergleichsspannung eingeschaltet werden.

3. Das zweite Gitter wird mit einer zweiten Buchse $+ E_x$ verbunden, an die der andere Pol (positive) der zu messenden Spannung E_x angeschlossen werden kann.

Soll mit dem Zwillingsröhrenvoltmeter eine Messung vorgenommen werden, so schließt man, nachdem der Heiz- und Anodenstrom eingeschaltet sind, zunächst beide Gitter kurz. Dann wird das Milliamperemeter G mit Hilfe des Potentiometers P und des veränderlichen Widerstandes W_1 auf seine Nullstellung gebracht. Danach schaltet man das Normalelement ein und reguliert mit Hilfe des Parallelwiderstandes W_2 das Milliamperemeter so, daß es jetzt den ganzen Ausschlag anzeigt. Dann entspricht dieser ganze Ausschlag der Spannung des Normalelementes von 1,0187 Volt. Schaltet man nun die zu messende Spannung E_x zwischen die beiden Gitter, so ergibt sich diese oder ihre Änderung direkt aus dem Ausschlag des Milliamperemeters.

Ein betriebsfertiges Gerät, das in einem Holzkasten eingebaut ist, ist auf S. 43 abgebildet. Es wird in dieser Form von der Firma H. A. Freye, K.-G., Braunschweig, geliefert. Ich habe es für alle potentiometrischen Titrationen ausschließlich verwendet.

II. Die Elektroden.

Zu den wesentlichsten Bestandteilen einer Apparatur für die potentiometrische Analyse gehören die Elektroden. Die Möglichkeit, eine chemische Reaktion für die potentiometrische Bestimmung eines Stoffes auswerten zu können, ist zumeist von dem Vorhandensein einer geeigneten Indicatorelektrode abhängig. Diese Indicatorelektrode wird häufig je nach der Ionenart und der Bestimmungsmethode — ob Fällungs-, Komplexbildungs- oder Oxydations/Reduktion-Reaktion — verschieden sein. Sie muß jedoch stets auf den Reaktionsvorgang praktisch momentan sowie konzentrationsrichtig ansprechen und darf

von der zu untersuchenden Lösung selbst nicht angegriffen werden. Der
ersten Forderung entsprechen durchaus nicht alle Elektroden. So
sprechen alle Metallelektroden, die sich an der Luft mit einer passivie-
renden Schicht von Oxyden überziehen, auf die Konzentration ihrer
Ionen überhaupt nicht oder nur sehr ungenügend an. Häufig ist auch
die Einstellungsgeschwindigkeit der Gleichgewichtspotentiale so klein,
daß die Wartezeit zu groß wird, um mit solchen Elektroden potentiometrische Analysen durchführen zu können. Andere Elektroden zeigen
bei größeren Konzentrationen zwar ein konzentrationsrichtiges Potential, sie versagen jedoch bei der Registrierung nur kleiner Konzentrationen oder Konzentrationsänderungen. Da aber der Potentialverlauf
gerade im Gebiete der nur sehr kleinen Gleichgewichtskonzentrationen
am Äquivalenzpunkt von ausschlaggebender Bedeutung ist, scheiden
auch solche Elektroden als Indicatorelektroden aus. Auch die zweite
Forderung nach chemischer Beständigkeit gegenüber der zu untersuchenden Lösung spielt in der Praxis eine große Rolle. So ist eine
Metallelektrode als Indicatorelektrode nicht zu verwenden, wenn in der
Lösung Ionen eines Metalls sind, das edler ist als das Metall der Indicatorelektrode. Eine Elektrode aus Zink z. B. ist als Indicatorelektrode ungeeignet, wenn in der auf Zinkionen zu untersuchenden Lösung auch
Kupferionen vorhanden sind. Das Zink der Elektrode würde dann unter
Abscheidung metallischen Kupfers in Lösung gehen. Metalle, die sich
in Säuren auflösen, können selbstverständlich nicht als Indicatorelektroden in sauren Lösungen verwendet werden. Zu beachten ist ferner,
daß auch die edlen Metalle, die an sich in Säuren nicht löslich sind, bei
Gegenwart eines Oxydationsmittels von der sauren Lösung angegriffen werden. Dies gilt z. B. für das Silber, das in saurer Lösung bei gleichzeitiger
Anwesenheit von Ferriionen merklich angegriffen und sogar passiviert wird.

Außer der Indicatorelektrode muß für die potentiometrische Bestimmung auch noch eine Vergleichselektrode vorhanden sein, da ja
nur Potentialdifferenzen gemessen werden können. Die Vergleichselektrode soll während der ganzen Bestimmung das gleiche Potential
zeigen, oder aber wenigstens den Konzentrationsveränderungen in der
Lösung nur im beschränkten Umfange folgen, so daß die im Verlaufe
der Titration je Einheit zugesetzter Maßlösung auftretenden Potentialdifferenzen zwischen Indicator- und Vergleichselektrode deutlich in die
Erscheinung treten. Als Vergleichselektroden sind die verschiedensten
Arten und Ausführungsformen im Gebrauch. Sie sollen im Anschluß
an die Indicatorelektroden besprochen werden.

a) Indicator-Elektroden.

Bei den Indicatorelektroden kann man grob unterscheiden zwischen
solchen für Fällungs- und Komplexbildungsreaktionen einerseits und

Oxydations/Reduktionsreaktionen andererseits. Jedoch überschneiden sich beide Anwendungsgebiete. Als Sondergruppe werden solche Elektroden behandelt, die auf die Wasserstoffionen ansprechen und daher in der Acidimetrie verwendet werden.

Die Indicatorelektrode für eine Fällungs- oder Komplexbildungsreaktion soll die im Verlaufe der Titration stattfindende Verminderung der Konzentration von Ionen anzeigen, die durch die Bildung eines schwerlöslichen oder komplexen Salzes der Lösung entzogen werden. Dafür sind die Elektroden solcher Systeme Metall/Metallkation oder Metalloid/Metalloidion zu verwenden, die auf ihre Ionen konzentrationsrichtig und praktisch momentan ansprechen.

1. System Metall/Metallkation.

Die Zahl solcher Systeme, bei denen die Elektrode auf ihre Ionen ausreichend anspricht, ist nur gering. Einwandfrei arbeiten von den Metallelektroden als Indicatorelektroden nur solche aus Silber und Quecksilber. Es handelt sich also um die Systeme

$$\text{Ag} \mid \text{Ag}^{\cdot}$$
$$\text{Hg} \mid \text{Hg}^{\cdot}.$$

Die Elektroden stellt man zweckmäßig so her, daß man die Metalle Quecksilber und Silber elektrolytisch auf einer Platinelektrode niederschlägt. Verwendet man als Meßgerät ein Röhrenvoltmeter, so kann diese Platinelektrode klein gehalten werden. Ein Platindraht von 1 cm Länge und 0,8—1 mm Stärke wird in ein Glasrohr eingeschmolzen. An den Platindraht lötet man zuvor ein Stück Kupferdraht mit Silberlot an, der zu einer Klemmschraube führt, die mit Siegellack oder Picein am anderen Ende des Glasrohres eingekittet wird. Die Abscheidung von Quecksilber erfolgt aus einer 2%igen Lösung von $HgNO_3$ mit einer Stromstärke von 0,4—1 Milliampere. Die Dauer der Elektrolyse soll nicht länger als 2 Minuten sein, da sich sonst das Quecksilber zu Tropfen zusammenzieht. Als Anode dient ebenfalls ein Platindraht.

Die Abscheidung des Silbers erfolgt aus einer Lösung von Kaliumsilbercyanid. Diese wird so erhalten, indem man 25 g gefälltes, reines Cyansilber mit Hilfe einer Lösung von 25 g Cyankali in 300—500 ccm Wasser auflöst und diese zu einem Liter verdünnt. Man arbeitet mit einer Anode aus Feinsilberblech und einer Stromdichte von weniger als 0,001—0,0045 A/cm² bei einer Badspannung von etwa 1 Volt. Der Niederschlag muß gleichmäßig und glatt sein.

Mit Hilfe einer Silber- und Quecksilberelektrode können zunächst Silber- und Mercuroionen potentiometrisch bestimmt werden, ferner solche Ionen, die mit Mercuro- oder Silberionen genügend schwerlösliche oder komplexe Salze bilden.

Mercuriionen können mit Hilfe der Quecksilberelektrode nicht unmittelbar titriert werden, da die Mercuroionen an der Quecksilberelektrode reduziert werden. Man kann jedoch so vorgehen, daß man zu der auf Mercuriionen zu untersuchenden Lösung zunächst einen Überschuß des Fällungs- oder Komplexbildungsmittels hinzusetzt und den Überschuß darauf mit einer eingestellten Mercurisalzlösung zurücktitriert.

2. System Metalloid/Metalloidion.

Von den Metalloiden sind die Halogenelektroden, also die Chlor-, Brom- und Jodelektrode, als Indicatorelektroden brauchbar.

$$J_2 \mid 2\,J'$$
$$Br_2 \mid 2\,Br'$$
$$Cl_2 \mid 2\,Cl'.$$

Sie sprechen auf Chlor-, Brom- bzw. Jodionen gut an, haben jedoch den Nachteil, daß die Halogene sich allmählich mit dem Wasser der zu untersuchenden Lösung umsetzen, wobei sich neue Halogenionen bilden, die bei zu langsamer Titration einen Mehrverbrauch an Titrierlösung verursachen können.

Praktische Bedeutung hat nur die Jodelektrode, da das Jod den kleinsten Dampfdruck hat und in wässeriger Lösung nicht so schnell unter Bildung von Jodionen nach der Gleichung

$$J_2 + H_2O = J' + HJO + H^{\cdot} \qquad \text{oder}$$
$$3\,J_2 + 3\,H_2O = JO_3' + 6\,H^{\cdot} + 5\,J'$$

reagiert. Die Jodelektrode kann in manchen Fällen die Silberelektrode zweckmäßig ersetzen. Sie wird jedoch nur selten angewendet.

3. Systeme zweiter Art.

Die geringe Zahl der für Fällungs- und Komplexbildungsreaktionen brauchbaren Indicatorelektroden würde die Möglichkeiten potentiometrischer Titrationen nach dieser direkten Methode auf die Bestimmung von oder mit Mercuro-, Silber-, Jod-, Brom- oder Chlorionen und auf solche beschränken, die mit den genannten schwer lösliche oder komplexe Salze bilden. In Wirklichkeit bieten sich jedoch mehr Möglichkeiten.

Zunächst kann die Titration artfremder Ionen auch an einer Silberoder Quecksilberelektrode durchgeführt werden, wenn eine potentiometrisch gut zu verfolgende Zwischenreaktion in geeigneter Weise eingeschaltet wird. Die Bestimmung von Zinkionen mit Sulfid soll dies als Beispiel anschaulich machen.

Zinkionen bilden mit Sulfidionen schwerlösliches Zinksulfid. Der Endpunkt der Titration könnte entweder durch die am Äquivalenzpunkt eintretende „sprunghafte" Verminderung der Zinkionenkonzentration oder durch die „sprunghafte" Zunahme der Sulfidionenkonzentration angezeigt werden, wenn eine Zink- oder Schwefelelektrode konzentrationsrichtig auf ihre Ionen ansprechen würden. Dies ist jedoch nicht der Fall. Man kann nun so vorgehen, daß man zu der zu untersuchenden Lösung etwas Quecksilbersulfid hinzufügt und eine Quecksilberelektrode zur Indizierung verwendet. Das schwerlösliche Quecksilbersulfid dissoziiert in der Lösung in Quecksilber- und Sulfidionen. Das Potential der in die Lösung eintauchenden Quecksilberelektrode ist gegeben durch die Konzentration an Quecksilberionen. Diese stehen aber mit den Sulfidionen der Lösung nach dem Massenwirkungsgesetz im Gleichgewicht, so daß das Potential der Quecksilberelektrode indirekt auch von der Konzentration der Lösung an Sulfidionen gesetzmäßig abhängt. Die bei der Sulfidtitration des Zinks nach Erreichung des Äquivalenzpunktes im Überschuß auftretenden Sulfidionen werden also von der Quecksilberelektrode registriert. Man kann den Vorgang folgendermaßen darstellen

$$\text{Elektrode } Hg / Hg^{..} \text{ (Lösung)}$$
$$\text{potentialbildend}$$
$$HgS \rightleftarrows Hg^{..} + S''$$
$$S'' + Zn^{..} \rightleftarrows ZnS .$$

Das Potential der Quecksilberelektrode steht danach indirekt auch mit der Zinkionen-, oder, in analogen Fällen, allgemeiner mit der Metallionenkonzentration der mit Sulfid zu titrierenden Lösung in gesetzmäßiger Beziehung.

Wie aus dem an anderer Stelle (S. 7) gegebenen Kriterium hervorgeht, handelt es sich hierbei um ein Elektrodensystem zweiter Art.

Außer dem Quecksilber ist nun auch das Silber für Elektroden zweiter Art besonders geeignet, da sich — wie bereits ausgeführt wurde — die Potentiale am Silber ebenfalls schnell und exakt einstellen. Man kann daher, analog zur „Kalomelelektrode" auch eine „Silberchloridelektrode" herstellen. Im Gegensatz zum Kalomel ist aber Silberchlorid ein elektrischer Leiter, und zwar ein Kationenleiter, bei welchem also nur die Silberionen den Stromtransport besorgen. Diese Eigenschaft des Silberchlorids macht es möglich, die metallische Silberelektrode mit einer festhaftenden Schicht von Silberchlorid zu umgeben, welche die Silberelektrode vollständig bedeckt. Dies könnte z. B. derartig geschehen, daß man eine Silberelektrode in einer Lösung von Natriumchlorid als Anode schaltet und dann elektrolysiert. Wie bei allen Elektroden zweiter Art ist auch das Potential der Silberchloridelektrode unmittelbar von der Konzentration an Silberionen abhängig. Außer mit Silberchlorid können solche Elektroden auch mit Silberbromid, Silberjodid und Silbersulfid hergestellt werden. Sie lassen sich sämtlich in der potentiometrischen Analyse sehr vorteilhaft verwenden (5).

Da die Silbersalze die Silberelektrode vollständig bedecken, schützen sie das Metall vor chemischem Angriff wie Oxydation usw., da die Silbersalze solchen Angriffen gegenüber vielfach bedeutend widerstandsfähiger als die Metalle selbst sind. Da sie in ihrem Potential von der Silberionenkonzentration einer Lösung bestimmt werden, vermögen sie auch eine Silberelektrode zu ersetzen. Nun arbeitet zwar die Silberelektrode stets exakt, wenn reine Lösungen vorliegen. Sie versagt jedoch, wenn in der zu untersuchenden Lösung oxydierend wirkende Stoffe zugegen sind. Durch die Einwirkung von Oxydationsmitteln geht nicht nur dauernd Silber aus der Elektrode in Lösung, sondern die Oberfläche der Elektrode wird auch häufig passiviert. Es ist daher nicht möglich, Silber an einer Silberelektrode in Gegenwart solcher Ionen zu bestimmen, deren Metalle edler sind als Silber, also Platin, Gold, Quecksilber usw. Auch dreiwertiges Eisen stört in saurer Lösung. Bei Verwendung einer Silberhalogenidelektrode treten derartige Störungen nicht auf. Hierbei ist es gleichgültig, welche von den Silberhalogenidelektroden, ob die Chlorid-, Bromid- oder Jodidelektrode, verwendet wird.

Da das Potential der Silberelektroden zweiter Art von der Konzentration ihrer Anionen abhängt, ist es selbstverständlich, daß sie auch als Indicatorelektroden für diese Anionen verwendet werden können. So läßt sich nicht nur die Jodelektrode durch die Silberjodidelektrode ersetzen, sondern die Silberbromidelektrode ist auch Indicatorelektrode für Bromionen, die Silberchloridelektrode für Chlorionen und die Silbersulfidelektrode für Sulfidionen. Die Titration mit Hilfe der Silbersulfidelektrode vereinfacht z. B. die Bestimmung von Zink mit Sulfidionen als Zinksulfid (vgl. S. 57).

Darüber hinaus müssen die Silberelektroden zweiter Art allgemein Indicatorelektroden sein für alle Anionen, die mit Silberionen schwer lösliche oder komplexe Salze bilden, vorausgesetzt, daß die Löslichkeit genügend klein oder die Stärke der komplexen Bildung genügend groß ist. Die Grenzen ihrer Anwendbarkeit lassen sich bei diesen Elektroden leicht berechnen, wenn die Löslichkeitsprodukte oder Dissoziationskonstanten der entstehenden Salze bekannt sind.

Das Potential der Halogenidelektroden ist unmittelbar von der Konzentration an Silberionen abhängig. Diese ist bei der Silberjodidelektrode zunächst gegeben aus dem Löslichkeitsprodukt des Silberjodids $K_{AgJ} = 4{,}2 \cdot 10^{-17}$ zu $[Ag^{\cdot}] = 6{,}48 \cdot 10^{-9}$ Mol/Liter. Sollen nun Chlorionen die Silberionenkonzentration beeinflussen, dann muß die Chlorionenkonzentration so groß werden, daß das Löslichkeitsprodukt des Chlorsilbers überschritten wird. Ist K_{AgCl} das Löslichkeitsprodukt des Silberchlorids, so ergibt sich also

$$[Cl'] > \frac{K_{AgCl}}{[Ag^{\cdot}]} = \frac{1{,}56 \cdot 10^{-10}}{6{,}48 \cdot 10^{-9}} = 2.6 \cdot 10^{-2} \text{ Mol/l}.$$

Titriert man z. B. Mercuroionen mit Chlorid, so ist die Chlorionenkonzentration am Äquivalenzpunkt — entsprechend dem Löslichkeitsprodukt von Kalomel $K_{Hg_2Cl_2} = 5{,}3 \cdot 10^{-19}$ (19°) —

$$[Cl'] = 1{,}02 \cdot 10^{-6} \text{ Mol/l}.$$

Da das Potential der Silberjodidelektrode erst von einer Chlorionenkonzentration von mehr als $2{,}6 \cdot 10^{-2}$ Mol/l beeinflußt wird, müssen $2{,}6 \cdot 10^{-2} - 1{,}02 \cdot 10^{-6}$ Mol/l Chlorionen im Überschuß vorhanden sein, bevor die Silberjodidelektrode überhaupt auf die Chlorionen anspricht. Dieser Überschuß entspricht bei der Verwendung einer 0,1 n-Natriumchloridlösung und einem Volumen der zu untersuchenden Lösung von etwa 100 ccm einer Menge von 25,99 ccm 0,1 n-Natriumchloridlösung. Dies bedeutet, daß die Silberjodidelektrode für diese Bestimmung mit Chlorid als Indicatorelektrode ungeeignet ist.

Verwendet man eine Silberbromidelektrode, so muß sein

$$[Cl'] > \frac{1{,}56 \cdot 10^{-10}}{8{,}77 \cdot 10^{-7}} = 2 \cdot 10^{-4} \text{ Mol/l}.$$

Dies würde einem Überschuß von 0,2 ccm 0,1 n-Natriumchloridlösung entsprechen.

Bei der Silberchloridelektrode liegen die Verhältnisse so, daß zu Beginn der Titration die Chlorionenkonzentration kleiner ist als dem Löslichkeitsprodukt des Chlorsilbers entspricht, da Mercurochlorid schwerer löslich ist als Silberchlorid. Die Mercuroionen reagieren also mit dem Silberchlorid nach der Gleichung

$$Hg_2^{\cdot\cdot} + 2\,AgCl = Hg_2Cl_2 + 2\,Ag^{\cdot}.$$

Geschmolzenes Silberchlorid reagiert aber sehr langsam mit Mercuroionen, so daß man die Titration ohne Störung durchführen kann, wenn eine Elektrode aus geschmolzenen Silberchlorid verwendet wird. Da die Silberchloridelektrode vom Beginn der Titration an auf die Chlorionen anspricht, ist die Bestimmung von Mercuroionen mit Chlorid genau, wenn man nicht zu langsam titriert.

Die Silbersalze Chromat, Phosphat und Oxalat sind so leicht löslich, daß eine Titration auch an der Silberchloridelektrode nicht möglich ist.

Für die cyanometrischen Titrationen scheiden die Silberhalogenidelektroden aus, da sich ihre Silbersalze in Kaliumcyanid auflösen. Hierfür verwendet man eine Silbersulfidelektrode. Sie ist nicht nur als Indicatorelektrode für Sulfidfällungen geeignet, sondern auch für cyanometrische Bestimmungen in großem Umfange anzuwenden. Arbeitet man in reinen Salzlösungen, so ist bei direkten cyanometrischen

Bestimmungen auch eine Elektrode aus Silber als Indicatorelektrode geeignet. Dies beruht darauf, daß unter dem Einfluß des Luftsauerstoffes eine geringe Silbermenge von der Elektrode in Lösung geht und der Silberelektrode ein entsprechendes Potential erteilt. Da die Silberionen mit den Cyanionen im Gleichgewicht stehen, bestimmt somit die Cyanionenkonzentration indirekt das Potential der Silberelektrode. Aber die Silberelektrode versagt auch hier in Gegenwart oxydierend wirkender Substanzen. Da hierzu auch dreiwertiges Eisen gehört und die cyanometrische Methode besonders für die Bestimmung in Gegenwart von Eisen, wie z. B. im Stahl, vorteilhaft angewendet werden könnte, so war das Versagen der Silberelektrode in diesem Falle besonders bedauerlich. Ein Überzug von Silbersulfid schützt die Silberelektrode vor dieser Oxydation, und das Silbersulfid ist gegenüber schwachen Oxydationsmitteln in der Kälte durchaus beständig. Von verdünnter Kaliumcyanidlösung wird es ebenfalls nicht angegriffen. Wegen des außerordentlich geringen Löslichkeitsproduktes von Silbersulfid K_{Ag_2S} $= 5{,}6 \cdot 10^{-51}$ kann die Silbersulfidelektrode nur da als Indicatorelektrode verwendet werden, wo das Fällungsmittel die Silberionenkonzentration weiter erniedrigt (S''), oder wo die Silberionen sehr fest komplex gebunden werden wie im $Ag(CN)_2'$.

Es handelt sich also bei den Silberelektroden zweiter Art vornehmlich um die Systeme:

$$Ag\,/\,AgCl\,/\,Cl';$$

$$Ag\,/\,AgBr\,/\,Br'\ \text{oder}\ CNS';$$

$$Ag\,/\,AgJ\ \,/\,J'\ \ \text{oder}\ CNS';$$

$$Ag\,/\,Ag_2S\,/\,S''\ \text{oder}\ S_2O_3''\ \text{oder}\ CN'.$$

Die Silberhalogenidelektroden werden zweckmäßig und in haltbarer Form so hergestellt, daß man die Silberhalogenide auf einen eingeschmolzenen Platindraht aufschmilzt. Die Platinelektrode muß von einer zusammenhängenden und festhaftenden Schicht Silberhalogenid bedeckt sein. Das Aufschmelzen geschieht in der Weise, daß nach erfolgter Vorwärmung der Elektrode das Silberhalogenid auf einem Nickelspatel zum Schmelzen erhitzt wird. Dann taucht man den Platindraht in die Silberhalogenidschmelze und erwärmt den Spatel über kleiner Flamme (Sparflamme eines Bunsenbrenners) solange, bis wieder alles Silberhalogenid fließt und am Platindraht haften bleibt. Dann entfernt man die Elektrode von dem Spatel und erwärmt sie über der Sparflamme solange, bis das Silberhalogenid richtig fließt und die Elektrode vollständig bedeckt (besonders an der Einschmelzstelle des Platindrahtes und an der Spitze der Elektrode!). Dann läßt man die fertige Elektrode langsam erkalten.

Das Aufbringen der Silbersulfidschicht erfolgt elektrolytisch. Zunächst wird die Platinelektrode versilbert in der gleichen Weise wie bei der Herstellung der Silberelektrode (s. S. 26). Diese Silberelektrode, deren Oberfläche vollkommen glatt und gleichmäßig sein muß, wird nun in eine verdünnte Lösung von Ammoniumsulfid eingetaucht und unter Verwendung einer Kathode aus Platin mit einer Stromstärke von 5—6 Milliampere elektrolytisch mit einer Schicht von Silbersulfid bedeckt. Die Elektrolysendauer soll nicht länger als höchstens 5 Minuten sein, da eine zu dicke Sulfidschicht die exakte Arbeitsweise der Elektrode beeinflussen kann und die Elektrode dann nicht mehr so scharf anspricht. Dies macht sich besonders bei cyanometrischen Bestimmungen bemerkbar.

4. System Metall/Metallanion.

Diese Systeme Metall/Metallanion wie Cr/CrO_4'' lassen sich auf die Systeme Metall/Metallkation zurückführen, die für das Potential allein unmittelbar verantwortlich sind. Da jedoch in der Lösung die Metallkationen mit den Metallanionen im Gleichgewicht sind, so sind die Potentiale Metall/Lösung auch mittelbar von der Konzentration der Metallanionen abhängig. Nach Brintzinger und Jahn (6) können die Systeme Cr/CrO_4'', Mo/MoO_4'' und W/WO_4'' für die potentiometrische Bestimmung von Chromat, Molybdat, Wolframat und solchen Ionen verwendet werden, die mit diesen schwerlösliche Salze bilden, z. B. $Ba^{\cdot\cdot}$. Als Elektroden benutzt man Drähte aus Molybdän, Wolfram und, da Chromdrähte nicht verfügbar sind, aus verchromtem V_2A-Stahl.

E. Müller (7) weist jedoch darauf hin, daß diese Elektroden wahrscheinlich als Oxydelektroden fungieren und als solche auf die Wasserstoffionenkonzentration der Lösung ansprechen.

5. System Platin/Oxydations-Reduktionsmittel.

Verwendet man bei einer potentiometrischen Titration als Fällungs- oder Komplexbildungsmittel einen Stoff, der in zwei verschiedenen Oxydations/Reduktionsstufen vorkommen kann, wie z. B. Ferro- und Ferricyanid, so kann das Oxydations/Reduktionspotential eines solchen Systems auch zur Indizierung des Äquivalenzpunktes benutzt werden. Bei den Oxydations/Reduktionssystemen wird als Elektrode zumeist eine solche aus Platin — in manchen Fällen aus Gold — angewendet. Die Möglichkeit, auch bei einer Fällungs- oder Komplexbildungsreaktion mit einem Oxydations/Reduktionssystem zur Indizierung des Äquivalenzpunktes zu arbeiten, soll folgendes Beispiel zeigen:

Zinkionen bilden mit Ferrocyanionen eine schwerlösliche Verbindung. Bei der Titration von Zink mit Ferrocyanid kann eine Zinkelektrode als Indicatorelektrode nicht verwendet werden, da sie im Gebiete des

Äquivalenzpunktes auf die Zinkionen nicht mehr konzentrationsrichtig anspricht. Man kann aber nun so vorgehen, daß man die Veränderung der Ferrocyanionenkonzentration potentiometrisch verfolgt. Das Potential einer Platinelektrode, die in eine Lösung von Ferro- und Ferricyanionen eintaucht, ist gegeben durch das Verhältnis der Konzentrationen beider Ionenarten. Bei der Zinktitration ist die Ferrocyanionen-Konzentration eine Funktion der Zinkionenkonzentration. Man kann daher so vorgehen, daß man der zu untersuchenden Lösung etwas Ferricyanid zusetzt und dann an einer Platinelektrode mit Ferrocyanid titriert. Mit der Änderung der Zinkionenkonzentration ändert sich auch die Ferrocyanionenkonzentration und damit das Potential des Systems Ferri-/Ferrocyanid, das von der Platinelektrode angezeigt wird.

Für Oxydations/Reduktionsreaktionen wird als Indicatorelektrode allgemein die Platinelektrode angewendet.

6. Elektroden für Säure-Basetitrationen.

Das zuletzt genannte Elektrodensystem leitet über zu den Indicatorelektroden, die für die Säure-Basetitration anzuwenden sind. Bei den Oxydations/Reduktionssystemen unterscheidet man bekanntlich zwischen solchen, deren Potential nur von dem Verhältnis der Konzentrationen des Oxydations- und Reduktionsmittels abhängt und solchen, bei denen das Potential außerdem von der Wasserstoffionenkonzentration der Lösung bestimmt wird. Für den Vorgang

$$MnO_4' + 8\,H^{\cdot} + 5\,(-) = Mn^{\cdot\cdot} + 4\,H_2O$$

z. B. ist das Potential nach der Nernstschen Formel:

$$E = E_0 + \frac{R\,T}{5\,F}\,\ln \frac{[MnO_4']\,[H^{\cdot}]^8}{[Mn^{\cdot\cdot}]}.$$

Da also bei solchen Systemen das Potential einer Platinelektrode auch von der Wasserstoffionenkonzentration in gesetzmäßiger Weise abhängt, ist eine derartige Elektrode unter geeigneten Bedingungen auch Indicatorelektrode für Wasserstoffionen und damit auch für Säure-Basetitrationen. Von den gebräuchlichsten Elektroden gehören hierzu die Chinhydroelektrode und die sogenannten Oxydelektroden.

Die Chinhydronelektrode. Der stromliefernde Vorgang ist:

$$C_6H_4O_2 + 2\,H^{\cdot} + 2\,(-) = C_6H_4\,(OH)_2.$$
Chinon   Hydrochinon

Das Chinhydron ist eine äquimolare Verbindung von Chinon und Hydrochinon, die in wässeriger Lösung fast vollständig in ihre Komponenten zerfällt. Chinon und Hydrochinon sind dann in gleichen Konzentrationen vorhanden, und das Potential der Elektrode ist außer von dem Normalpotential $E_0 = 0,704$ Volt ($18°$) nur von der Wasserstoffionenkonzentration abhängig

$$E = E_0 + \frac{R\,T}{F} \ln [\text{H}^{\cdot}].$$

Für die Titration taucht man die Platinelektrode in die zu untersuchende Lösung ein und gibt einige Tropfen einer gesättigten alkoholischen Lösung von Chinhydron hinzu. Die Potentiale stellen sich prompt und konzentrationsrichtig ein. Ein Nachteil der Chinhydronelektrode ist ihre beschränkte Anwendungsmöglichkeit bis zu einem p_{H}-Wert von nur 8 bis 9, da sich das Chinhydron in stärker alkalischer Lösung zersetzt. Man kann mit der Chinhydronelektrode zwar alle Säuren mit Basen, aber nicht umgekehrt starke Basen mit Säuren titrieren.

Die Oxydelektrode. Der stromliefernde Vorgang ist:

$$\text{MeO}_n + 2\,\text{H}^{\cdot} + 2\,(-) = \text{MeO}_{n-1} + \text{H}_2\text{O}.$$

Es müssen also grundsätzlich alle Metall/Metalloxydelektroden Indicatorelektroden für Säure-Basetitrationen sein, wenn sie momentan und konzentrationsrichtig ansprechen. Sie sind jedoch nur beschränkt anwendbar, da die Oxyde in Säuren zumeist löslich sind, und die Metallionen des Oxyds bei Anwesenheit anderer Ionen häufig Niederschläge oder Komplexe bilden können. Verschiedentlich verwendet wurden die Systeme

$$\text{Hg/HgO}$$
$$\text{Ag/Ag}_2\text{O}.$$

Am besten bewährt hat sich von den Oxydelektroden die Antimonelektrode. Man verwendet dafür einen Antimonstab. Dieser Antimonstab enthält auf seiner Oberfläche genügend Oxyd, so dass dieses nicht besonders hinzugefügt zu werden braucht.

Man kann die Antimonelektrode zweckmäßig auch so herstellen, daß man das Antimon auf einem in ein Glasrohr zum Teil eingeschmolzenen Platindraht elektrolytisch niederschlägt. Da die Antimonelektrode die bequemste Indicatorelektrode für Säure-Basetitrationen darstellt, sei die Vorschrift für ihre Herstellung hier wiedergegeben.

Ein ziemlich starkes, etwa 1 cm langes, in eine Glasröhre eingeschmolzenes Platindrahtstück wird aus einer 2%igen HgCl_2- bzw. HgNO_3-Lösung bei einer Stromstärke von 0,4 bis 1 Milliampere im Laufe von 5 Sekunden bis 2 Minuten mit Quecksilber bedeckt. Mehr als 2 Minuten dauernde Elektrolyse ist nachteilig, da sich das Quecksilber dabei in Tropfen zusammenzieht. Der so mit einer Hg-Schicht bedeckte Platindraht wird bei gelindem Erwärmen vorsichtig getrocknet (nicht mit Filtrierpapier!), wonach er in eine 25%ige Lösung von SbCl_3 in trockenem

Aceton gebracht wird. In diese wird außerdem ein als Anode dienendes Antimonstäbchen eingetaucht, und zwar derart, daß die Entfernung vom verquecksilberten Platindraht etwa 2 mm beträgt, wonach ein zwischen 0,6 und 2,2 Milliampere starker Strom im Laufe von 20 Minuten bis 4 Stunden, im Durchschnitt von 30 Minuten geschickt wird. Das Antimon bedeckt dann das Platin in fester und dichter metallischer Schicht. Nach der Elektrolyse wird die Elektrode sofort aus dem Gefäß entfernt und mit trockenem Aceton ausgewaschen. Danach wird die Elektrode für einige Minuten in eine heiße, verdünnte Sodalösung gebracht und schließlich in mit Schwefelsäure angesäuertem Wasser mit einer Platinelektrode als Kathode einige Minuten anodisch bei einer Klemmenspannung von 4 Volt polarisiert.

Die so hergestellte Antimonelektrode arbeitet sehr exakt, so daß ihre Verwendung für potentiometrische Säure-Basebestimmungen empfohlen werden kann.

Die Sauerstoffelektrode. Als Oxydelektrode kann man auch eine andere Indicatorelektrode auffassen, die gewöhnlich als Sauerstoffelektrode bezeichnet wird. Sie besteht aus einem platinierten Platinblech, welches in die zu untersuchende Lösung eintaucht und beim Durchleiten von Sauerstoff mit diesem beladen wird. Man kann annehmen, daß das Platin oberflächlich oxydiert wird, und daß das so gebildete Oxyd in der gleichen Weise wie bei den Oxydelektroden elektromotorisch wirksam ist. Der stromliefernde Vorgang ist:

$$O_2 + 4\,H^{\cdot} + 4\,(-) = 2\,H_2O.$$

Die Wasserstoffelektrode. Die Wasserstoffelektrode ist bereits an anderer Stelle beschrieben worden (s. S. 6). Da sie ziemlich unbequem zu handhaben ist, wird sie bei potentiometrischen Titrationen nur sehr selten angewendet.

b) Vergleichselektroden.

Während das Vorhandensein einer geeigneten Indicatorelektrode für die Anwendung einer chemischen Reaktion auf die potentiometrische Analyse unbedingte Voraussetzung ist, können als Vergleichselektroden die verschiedensten Arten und Ausführungsformen verwendet werden. Sie unterscheiden sich zumeist nur in der Bequemlichkeit ihrer praktischen Anwendung.

1. Vergleichselektroden zweiter Art.

Wie allgemein in der Potentiometrie ist auch für die potentiometrische Analyse zunächst die Kalomelelektrode als Vergleichselektrode angewendet worden. Sie wird durch einen elektrolytischen Stromschlüssel mit der zu untersuchenden Lösung verbunden. Zumeist verwendet man dafür ein mit KCl- oder NH_4NO_3-Lösung gefülltes Glasrohr, welches an dem Ende, welches in die zu untersuchende Lösung eintaucht, mit einer Glasfrittenplatte verschlossen ist, um eine Diffusion der Lösungen nach Möglichkeit zu vermeiden (Abb. 8).

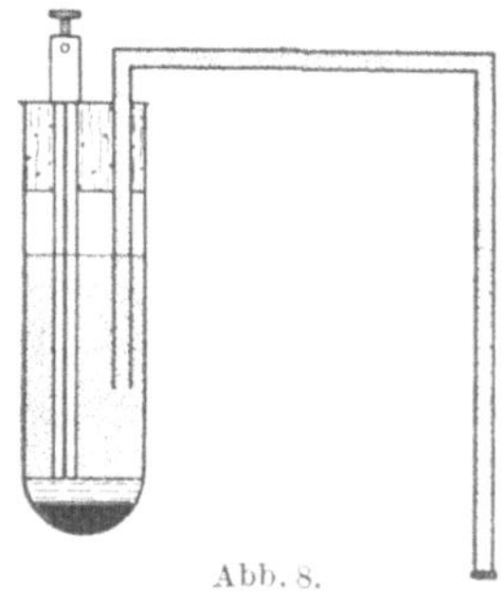

Abb. 8.

Für die Kalomelelektrode kann man auch eine Silberchloridelektrode verwenden, die den Vorteil hat, daß das Silberchlorid fest haftend auf einer Silberelektrode elektrolytisch erzeugt werden kann; dadurch wird ihre Ausführungsform für die potentiometrische Analyse einfacher und bequemer. Eine solche stabilisierte Silberelektrode ist in Abb. 10 rechts (s. S. 39) (8) abgebildet. Der obere Teil der Elektrode, in welchen die chlorierte Silberelektrode eintaucht, ist mit gesättigter KCl-Lösung gefüllt, der untere, der als Stromschlüssel dient, mit Agar-Agar, welches als Elektrolyten KCl oder NH_4NO_3 enthält. Verwendet man als Meßgerät ein Röhrenvoltmeter, so kann die untere Öffnung des Stromschlüssels sehr klein gehalten werden, so daß die Diffusion in sehr engen Grenzen bleibt. Sehr praktisch ist auch die Verwendung einer mit Elektrolytlösung getränkten Viscoseschnur besonderer Art, die an Stelle des Agar-Agar einfach in das Glasrohr eingeschoben werden kann und für diesen Zweck von der H. A. Freye K. G. in Braunschweig geliefert wird.

Für viele Bestimmungen können auch die Silberelektroden zweiter Art, wie sie als Indicatorelektroden verwendet werden (s. S. 29), als Vergleichselektroden dienen, z. B. in der Oxydimetrie und Acidimetrie. Man benutzt dafür zweckmäßig die Silberjodidelektrode. Diese Silberelektroden werden einfach zusammen mit der Indicatorelektrode in die zu untersuchende Lösung eingetaucht. Ein besonderer elektrolytischer Stromschlüssel zu einer außerhalb des Titrierbechers befindlichen Vergleichselektrode fällt also fort.

Aus dem gleichen Bestreben heraus, den elektrolytischen Stromschlüssel zu vermeiden und damit den Aufbau der Apparatur zu vereinfachen, sind noch eine Reihe anderer Elektroden entwickelt worden.

2. Die Filterstabelektrode.

So verwendete Heczko (9) einen Filterstab, der irgendeine Metallelektrode und eine entsprechende Lösung enthält, und einfach in die zu untersuchende Lösung eingetaucht wird. Durch die Wahl geeigneter Elektroden und Lösungen kann man das Potential dieser Filterstabelektrode gleich dem Umschlagpotential machen und die Elektrode als Umschlagselektrode verwenden (s. u. Umschlagselektroden).

3. Gebremste Elektroden.

In sehr einfacher Weise kann man auch so vorgehen, daß man die gleichen Elektroden als Indicator- und Vergleichselektrode verwendet, die Vergleichselektrode aber bremst, indem man sie z. B. mit Asbest umwickelt (10). Man kann aber die Bremsung auch auf andere Weise erreichen. So umwickelt Heczko ein Bimsstein- oder Holzstäbchen am oberen Ende mit der einen Elektrode und taucht nur das untere Ende in die zu untersuchende Lösung. Außer diesen sind noch andere Lösungen gefunden worden, die teils nach dem gleichen Prinzip der kontinuierlichen Diffusion arbeiten, teils nach dem Prinzip der diskontinuierlichen und praktisch verhinderten Diffusion.

Nach dem Prinzip der diskontinuierlichen Diffusion arbeitet eine Anordnung von W. A. Roth (11), bei welcher die Hilfselektrode in einen Schottschen Glasfrittentiegel taucht. Ragt dieser mit seinem oberen Rande über das Niveau der Lösung, so schließt er einen Volumenteil davon ab. Taucht man ihn vollständig unter, so läßt er eine Durchmischung — z. B. mit einem Glasstab — mit dem Hauptvolumen zu. Der poröse Boden des Tiegels vermittelt den elektrischen Kontakt. Bei der Durchführung der Titration verfährt man so, daß während der Bremsung, wenn also der Tiegelrand aus der Lösung herausragt, der Zusatz der Titrierlösung erfolgt, anschließend die Spannungsmessung. Danach senkt man den Tiegel, durchmischt, hebt den Tiegel wieder und fährt in gleicher Weise fort. Die größte Spannungsänderung wird beim Zusatz der Titrierlösung am Äquivalenzpunkt erreicht.

Praktisch wird die Diffusion vollständig verhindert. wenn man die Vergleichselektrode nnerhalb einer Capillare unterbringt. Eine solche Capillarelektrode (12), an der gleichzeitig die Indicatorelektrode angebracht ist, zeigt Abb. 9.

Nach dem gleichen Prinzip arbeitet die Bürettenelektrode Abb. 9. (13) von Ackermann, bei der die Hilfselektrode in der verlängerten Ausflußspitze der Titrationsbürette untergebracht ist.

4. Umschlagselektroden.

Hierunter versteht man Elektroden, die das Umschlagspotential einer potentiometrischen Titration zeigen. Verwendet man diese als Vergleichselektrode, so ist der Äquivalenzpunkt dann erreicht, wenn die Potentialdifferenz zwischen Indicator- und Vergleichselektrode gleich Null geworden ist. Umschlagselektroden können zuweilen vorteilhaft bei Fällungsreaktionen angewendet werden, während ihre Anwendung bei Oxydations/Reduktionsreaktionen an gewisse Voraussetzungen geknüpft ist, die genau beachtet werden müssen (s. S. 18).

Als Elektrodengefäß verwendet man entweder eine Anordnung, die der Kalomelelektrode entspricht, oder eine solche und ähnliche der Filterstabelektrode.

Einige gebräuchliche Umschlagselektroden sind nachfolgend zusammengestellt (14):

Umschlagselektrode	$E_{\text{Kalomelel.}}$	Für Reaktion
1. Hg/Hg_2CO_3, n-Na_2CO_3	+ 0,048	J′ mit $AgNO_3$
2. $Hg/Hg_2C_2O_4$, ges. $Na_2C_2O_4$	+ 0,182	Br′ mit $AgNO_3$
		CNS′ mit $AgNO_3$
		J′ mit $Hg_2(ClO_4)_2$
		J_2 mit $Na_2S_2O_3$
		Pb·· mit K_4Feoc. (75°)
3. $Pt/J_2/2$ n-KJ	+ 0,265	Cl′ mit $AgNO_3$
4. $Hg/Hg_2(CH_3COOH)_2$, n-CH_3COONa	+ 0,245	Cl′ mit $AgNO_3$
		Pb·· mit K_4Feoc. (18°)
5. Hg/Hg_2SO_4, H_2SO_4 (1:2)	+ 0,313	Zn·· mit K_4Feoc. (75°)
		Cl′ mit $Hg_2(ClO_4)_2$
		Br′ mit $Hg_2(ClO_4)_2$
		Sn·· mit $K_2Cr_2O_7$
6. Hg/Hg_2SO_4, n-K_2SO_4	+ 0,365	Zn·· mit K_4Feoc. (75°)
7. Hg/Hg_2SO_4, ges. K_2SO_4	+ 0,36	Zn·· mit K_4Feoc. (75°)
8. Pt/Br_2, n-NaBr	+ 0,846	Fe·· mit $KMnO_4$
		C_2O_4″ mit $KMnO_4$
9. Pt/Br_2, ges. NaBr (18°)	+ 0,798	As··· mit $KBrO_3$
10. $Hg/Hg_2(CH_3COO)_2$, 2 n-CH_3COONa	+ 0,208	J_2 mit $Na_2S_2O_3$

Umschlagselektroden lassen sich für viele Fälle auch aus einer Chinhydronelektrode herstellen (15). Das Potential der Chinhydronelektrode gegenüber der Normalwasserstoffelektrode ist bei 18°

$$E = 0{,}704 + 0{,}577 \cdot \log [H^{\cdot}],$$

so daß also im Bereich der Anwendbarkeit dieser Elektrode — von p_{H} 1 bis 8 — die verschiedensten Potentiale mit Pufferlösungen eingestellt werden können.

c) Elektrodenpaare.

Kombiniert man eine Indicator- und eine Vergleichselektrode in der Weise zu einem Elektrodenpaar, daß dieses einfach in die zu untersuchende Lösung eingetaucht wird, so vereinfacht sich der Aufbau der gesamten Versuchsanordnung. Solche Versuche sind verschiedentlich gemacht worden.

Zunächst ergibt sich die Möglichkeit, eine der bereits genannten Vergleichselektroden in einer Form zu verwenden, welche so einfach ist, daß sich zusammen mit einer Indicatorelektrode bequeme Elektrodenpaare ergeben. Hierfür ist z. B. die stabilisierte Silberelektrode geeignet. Ein solches Elektrodenpaar ist in Abb. 10 abgebildet.

Da auch die Silberelektroden zweiter Art — z. B. die Silberjodidelektrode — vielfach als Vergleichselektroden brauchbar sind, können mit ihrer Hilfe ebenfalls praktische Elektrodenpaare hergestellt werden (Abb. 11).

Zahlreiche Versuche sind mit den sogenannten bimetallischen Elektrodenpaaren (16) angestellt worden, die hauptsächlich auf ihre Eignung für Oxydations/Reduktionsreaktionen geprüft wurden. Die Anwendung solcher bimetallischen Elektrodenpaare beruht darauf, daß die meisten Metalle außer Platin die Potentiale einer Lösung bei der Titration mit einem Oxydations- oder Reduktionsmittel nicht konzentrationsrichtig anzeigen, oder aber mit ihrem Potential hinter den Potentialänderungen — besonders im Gebiete des Äquivalenzpunktes — nachhinken. Dadurch ergeben sich am Äquivalenzpunkt Potentialdifferenzen zwischen der Indicatorelektrode aus Platin und der Vergleichselektrode, die z. B. aus Palladium bestehen kann, die zur Indizierung des Endpunktes einer Titration herangezogen werden können.

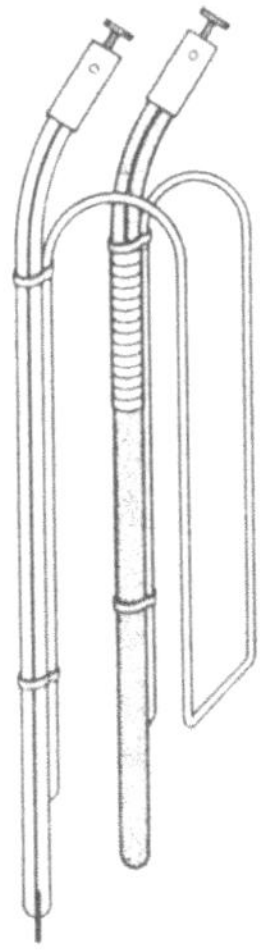

Da nun auch das Platin selbst verschieden schnell auf die Konzentrationsveränderungen bei Reaktionen anspricht, wenn es sich nicht nur um einen einfachen Ladungswechsel wie $Fe^{..}/Fe^{...}$, sondern um Vorgänge handelt, die irreversibel verlaufen, wie z. B.

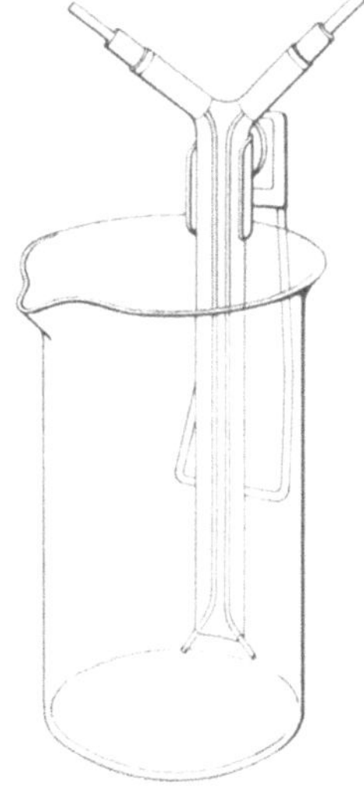

Abb. 10.

$$MnO_4' + 8\,H^. + 5\,(-) = Mn^{..} + 4\,H_2O,$$

so lassen sich auch sogenannte monometallische Elektrodenpaare (17) verwenden. Das verschiedene Ansprechen scheinbar gleicher Elektroden ist wahrscheinlich auf Unterschiede in der Oberflächenbeschaffenheit zurückzuführen. Man geht daher zweckmäßig auch so vor, daß man die Indicatorelektrode aus glattem Platin, die Vergleichselektrode aber aus grau platiniertem Platin herstellt. ·

Da das Verhalten der als Vergleichselektroden verwendeten Metalle praktisch durchaus nicht immer einheitlich und theoretisch keineswegs geklärt ist, bleibt die Verwendung der Bimetallelektroden stets mit einem Unsicherheitsfaktor behaftet, den man bei analytischen Untersuchungen natürlich nach Möglichkeit vermeiden soll. Es dürfte sich daher empfehlen, stets Vergleichselektroden zu verwenden, deren Verhalten in der zu untersuchenden Lösung genau definiert ist, also außer den Umschlagselektroden entweder die Sil-

Abb. 11.

berjodid- oder die stabilisierte Silberelektrode, die für alle bisher bekannten potentiometrischen Titrationen ausreichen.

C. Methoden der praktischen Ausführung potentiometrischer Titrationen.

Bei der praktischen Durchführung einer potentiometrischen Titration sind zwei Faktoren als maßgebend zu berücksichtigen: Die Genauigkeit, mit welcher eine Bestimmung durchgeführt werden soll und die Bequemlichkeit und Einfachheit der zu verwendenden Apparatur. Die Genauigkeit ist bedingt durch die Sicherheit, mit welcher der Verbrauch an Maßlösung an der Bürette und die Potentialänderung am Meßinstrument abgelesen werden kann. Dazu kommt die Größe des Tropfens und die Tropfenzahl selbst, die jeweils zu der zu untersuchenden Lösung hinzugegeben werden. Wenn man jedesmal nur je einen Tropfen Maßlösung hinzugibt, kann man zunächst genauer titrieren, als wenn man etwa 3 Tropfen hinzugibt. Ob damit zugleich der Äquivalenzpunkt genauer ermittelt werden kann, hängt aber außerdem davon ab, ob auch die Potentialänderungen jeweils mit ausreichender Genauigkeit festgestellt werden können. Um das Maximum der Potentialänderung je Einheit zugesetzter Maßlösung möglichst genau ermitteln zu können, gebe man kurz vor und nach der Erreichung des Äquivalenzpunktes stets gleiche Mengen Maßlösung hinzu, da sonst leicht Fehlmessungen entstehen können. Hat man bei der Titration jeweils immer einen Tropfen oder etwa 0,03 ccm Maßlösung hinzugefügt und ist das Maximum der Potentialänderung je Tropfen deutlich festgestellt worden, so wird das Ergebnis der Titration von der Genauigkeit sein, daß man sagen kann, der Äquivalenzpunkt wurde dann erreicht, als eine zwischen a und $a + 0,03$ ccm gelegene Menge Maßlösung verbraucht war. Das arithmetische Mitel hieraus darf man aber nur dann nehmen, wenn die Potentialänderungen je Tropfen Maßlösung vor und nach dem Äquivalenzpunkt vollkommen symmetrisch sind, also z. B.: 2, 3, 4, 6, 10, 50, 10, 6, 4, 3, 2 Millivolt. Dies ist jedoch praktisch nur selten der Fall. Wie man auch dann zum Ziel kommen kann, ist von Fr. L. Hahn ausführlich dargelegt worden. Auch bei Mikrotitrationen, wo eine große Genauigkeit erforderlich ist, aber trotzdem mit größeren Volumeneinheiten titriert werden muß, um ein deutliches Maximum der Potentialänderungen zu erreichen, kann der Äquivalenzpunkt durch bloße Rechnung genau bestimmt werden. Für die gewöhnlichen Titrationen kann auf eine Berücksichtigung dieser Erscheinungen verzichtet werden, denn es genügt zumeist, wenn das Ergebnis bis auf 1 oder 2 Tropfen des Verbrauches an Maßlösung genau ist. Für solche Titrationen soll aber die Versuchsanordnung möglichst einfach und übersichtlich sein.

Für die Ausführung potentiometrischer Titrationen sind eine ganze Anzahl von Methoden und Apparaten bekannt geworden. Zunächst kann man natürlich so vorgehen, daß man nach dem bekannten Kompensationsverfahren (s. S. 19) die Potentialkurve aufnimmt und ihren Wendepunkt aufsucht. Dann ergibt sich die Möglichkeit, das Umschlagspotential, welches man von einem parallel zu einem Akkumulator von 2 Volt liegenden Potentiometer abnimmt, der zu messenden Kette entgegenschaltet und dann solange Maßlösung hinzufließen läßt, bis die Potentialdifferenz gleich Null geworden ist. In sehr einfacher Weise führten Pinkhof und Treadwell potentiometrische Titrationen mit einer Umschlagselektrode und einem Stromanzeiger durch. Auch hierbei wird solange Maßlösung hinzugegeben, bis das Potential gleich Null geworden ist. Als Stromzeiger dient ein empfindliches Milliamperemeter. Um die Polarisation der Elektroden möglichst zu vermeiden, muß der äußere Widerstand des Kreises möglichst groß sein. Ebenso darf die Oberfläche der verwendeten Elektroden nicht zu klein sein. Die Stromempfindlichkeit kann man den jeweils vorliegenden Verhältnissen dadurch anpassen, daß man ein im Heber befindliches Stück Gummischlauch durch einen Quetschhahn mehr oder weniger zusammendrückt (Abb. 12).

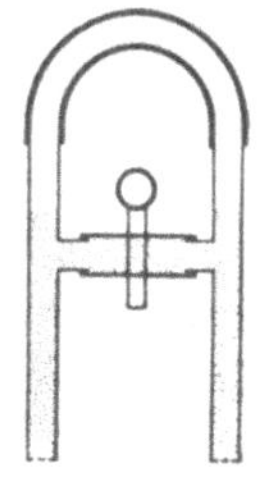

Abb. 12.

Diese sonst sehr einfache Ausführung ist jedoch nicht zu verwenden, wenn die Elektroden nur eine kleine Oberfläche haben oder wenn mit den bequemen Elektrodenpaaren titriert werden soll. Für diese Zwecke eignen sich zwei Apparate, die sich bei eigenen Versuchen und in der Praxis vielfach bewährt haben.

a) Kompensationseinrichtung.

(Kompensator.)

Die in Abb. 13 dargestellte Einrichtung entspricht dem Kompensationsverfahren zur Messung elektromotorischer Kräfte. Von einem Potentiometer P können von dem Akkumulator A Teilspannungen von 0,150, 0,300, 0,750 und 1,5 Volt abgegriffen werden, die an den Enden der Meßbrücke liegen. Als Nullinstrument verwendet man zweckmäßig ein Milliamperemeter hoher Empfindlichkeit, wie es z. B. zur Temperaturmessung mit Thermoelementen gebräuchlich ist. Bewährt haben sich Geräte mit Wandbefestigung. Den Taster T führt man so aus, daß er auch dauernd kurz geschlossen werden kann.

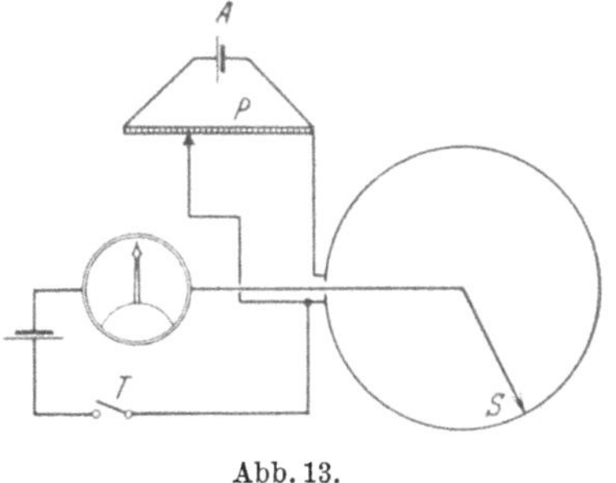

Abb. 13.

Eine potentiometrische Titration mit dieser Einrichtung wird dann folgendermaßen ausgeführt.

Nachdem die Elektroden angeschlossen sind und an die Enden der Meßbrücke mit Hilfe des Potentiometers P eine geeignete Spannung angelegt ist, wird zunächst kompensiert. Man verschiebt dazu den Schleifkontakt der Meßbrücke (S) solange, bis bei Betätigung des Tasters T das Milliamperemeter Stromlosigkeit anzeigt. Nun schließt man den Taster kurz und beginnt zu titrieren. Dabei wird der Zeiger des Meßinstrumentes etwas ausschlagen. Diese Ausschläge, die zu Beginn der Titration nur klein sind, werden wieder kompensiert. Werden bei Annäherung an den Äquivalenzpunkt die Ausschläge allmählich größer, so titriert man tropfenweise weiter. Nach Zugabe einer immer gleichen Anzahl Tropfen der Maßlösung wird durch Verschieben des Schleifkontaktes S kompensiert. Der Äquivalenzpunkt ist dann erreicht, wenn die Strecke, über die der Schleifkontakt der Meßbrücke zwecks vollständiger Kompensation verschoben werden muß, am größten ist.

Liegen jedoch sehr leicht polarisierbare Elektrodensysteme vor, so besteht bei diesem Verfahren die Gefahr einer Polarisation. Man darf in solchen Fällen den Taster nicht dauernd, sondern stets nur für eine Messung kurzschließen.

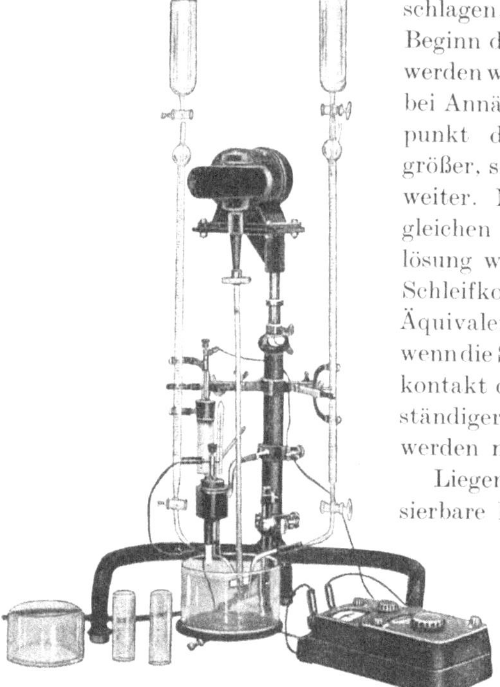

Abb. 14.

Wie bei der gewöhnlichen Titration muß auch hier für eine gute Durchmischung der Lösung gesorgt werden, da selbstverständlich erst dann das richtige Gleichgewichtspotential angezeigt werden kann. Da bei der beschriebenen Anordnung außer der Bürette auch die Kompensationseinrichtung mit der Hand bedient werden muß, nimmt man die Durchmischung der Lösung mit einem mechanischen Rührer vor, der in die zu untersuchende Lösung eintaucht und von einem geeigneten, kleinen Elektromotor angetrieben wird. — Eine ähnliche Apparatur läßt sich auch unter Verwendung eines der üblichen potentiometrischen p_H-Meßgeräte aufbauen, wie dies als Beispiel in Abb. 14 gezeigt ist (Hersteller: Hartmann & Braun, Frankfurt-Main). Allerdings kann man dann nicht unmittelbar „auf Sprung" titrieren, sondern man muß eine Potentialkurve aufnehmen. Die Oberfläche der Elektroden soll auch hierbei möglichst groß sein, um Polarisationserscheinungen zu vermeiden. Die Anwendung der praktischen Elektrodenpaare und der Silberelektroden zweiter Art ist daher nur beschränkt möglich.

b) Das Zwillingsröhrenvoltmeter.

Es wäre natürlich wünschenswert, daß bei den potentiometrischen Titrationen genau wie in der gewöhnlichen Maßanalyse auf diese mechanische Rührvorrichtung verzichtet werden könnte. Denn der Aufbau

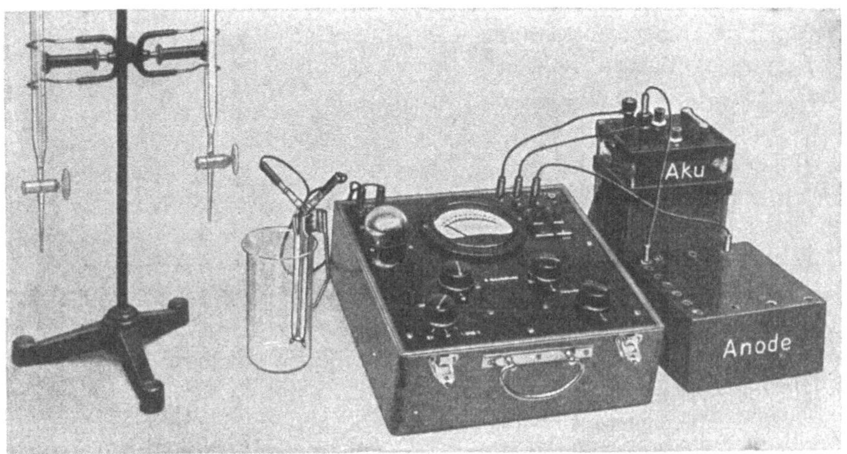

Abb. 15.

der Apparatur würde dadurch wesentlich einfacher, beweglicher und viel übersichtlicher. Ein Gerät ohne mechanische Rührvorrichtung wird möglich, wenn man als Meßinstrument ein Röhrenvoltmeter verwendet, bei welchem die Potentialänderungen an einen Zeigerausschlag direkt abgelesen werden. Eine von mir gewählte Anordnung, bei welcher das Zwillingsröhrenvoltmeter als einfaches, preiswertes und betriebssicheres Meßgerät verwendet wurde, ist in Abb. 15 abgebildet. Von dem Elektrodenpaar geht eine zweiadrige Kabelschnur zu den Anschlußbuchsen des Zwillingsröhrenvoltmeters. Das Elektrodenpaar selbst wird über den Rand des Titrierbechers in diesen hineingeschoben und mit Hilfe einer federnden Klammer an der Gefäßwand festgehalten. Die Durchmischung der Lösung erfolgt einfach und wirksam durch Schütteln mit der Hand, da außer der Bedienung einer Bürette keine weiteren Manipulationen auszuführen sind. Diese Anordnung ist für alle von mir durchgeführten potentiometrischen Titrationen ausschließlich verwendet worden und hat sich stets bewährt (Herstellerin: H. A. Freye K. G., Braunschweig).

Spezieller Teil.

A. Bestimmungsmethoden.

Für die potentiometrische Analyse können sowohl Fällungs- und Komplexbildungsreaktionen als auch Oxydations-Reduktionsreaktionen angewendet werden. Soll ein Bestandteil einer Lösung nun potentiometrisch bestimmt werden, so wird man zunächst versuchen, ihn unmittelbar zu titrieren. Jede unmittelbare Methode setzt allerdings das Vorhandensein einer geeigneten Indicatorelektrode voraus.

Steht diese nicht zur Verfügung, oder ist die Reaktionsgeschwindigkeit bei der Titration zu gering, so kann man den Bestandteil häufig auch mittelbar titrieren. Eine mittelbare Titration kann praktisch auch dann von Vorteil sein, wenn dadurch der Potentialsprung am Äquivalenzpunkt deutlicher wird. Die Voraussetzung für die Anwendungsmöglichkeit einer mittelbaren Methode ist natürlich immer, daß beim Zurücktitrieren nur der Überschuß eines zu der Lösung gegebenen Stoffes angegriffen und erfaßt wird. So kann z. B. Kupfer mittelbar so bestimmt werden, daß man es in Gegenwart eines geeigneten Reduktionsmittels mit einem Überschuß an KCNS als CuCNS abscheidet und den Überschuß an CNS′ dann mit einer $AgNO_3$-Lösung zurücktitriert. Dagegen gelingt es nicht, das Wismut mittelbar so zu bestimmen, daß man es als BiOCl fällt und die überschüssigen Chlorionen dann ebenfalls mit $AgNO_3$-Lösung zurücktitriert. Da das BiOCl im Gegensatz zum CuCNS so löslich ist, daß es auch mit Silberionen sofort reagiert, würde bei der Rücktitration mit $AgNO_3$-Lösung nicht nur das überschüssige, sondern auch das an das Wismut als BiOCl gebundene Chlorid mit erfaßt werden. Hier bleibt nur der Ausweg, das BiOCl abzufiltrieren und dann entweder im Filtrat die überschüssigen, oder nach dem Auflösen des Niederschlages in HNO_3 die gebundenen Chlorionen mit $AgNO_3$-Lösung zu titrieren.

Ähnliche Gesichtspunkte sind auch für Komplexbildungs- und Oxydations/Reduktionsreaktionen gültig, nur daß man hier zumeist keine Niederschläge erhält. In der Praxis werden häufig mittelbare und unmittelbare Methoden bei der Bestimmung mehrerer Bestandteile nebeneinander zugleich angewendet.

B. Kationen.

I. Einzelbestimmungen.

Silber. a) Fällungs- und Komplexbildungsreaktionen:

Reaktion: $Ag^{\cdot} + Cl' = AgCl$ (18).
Indicatorelektrode: Silber oder Silberelektrode zweiter Art
$(AgJ,\ AgBr,\ AgCl,\ Ag_2S)$.

Die potentiometrische Bestimmung des Silbers ist genau. Die Resultate sind bis zu großen Verdünnungen noch sehr befriedigend. Bei stark verdünnten Lösungen ist der Potentialsprung nur noch sehr klein. Die Zusätze an Maßlösung müssen daher möglichst groß bemessen werden, um das Maximum der Potentialänderungen noch deutlich erkennen zu können. Das Umschlagspotential beträgt etwa 0,24 Volt.

Reaktion: $Ag^{\cdot} + CNS' = AgCNS$ (19).
Indicatorelektrode wie oben.

Da das Silberrhodanid schwerer löslich als das Chlorsilber ist, erhält man bei der Titration mit Rhodanid einen größeren Sprung. Die zu titrierende Lösung soll auf 100 ccm etwa 1 g Bariumnitrat enthalten, und die Maßlösung soll nicht stärker als 0,1 n sein. Das Umschlagspotential beträgt etwa $+ 0,18$ Volt.

Bei der Titration mit Bromid oder Jodid treten am Äquivalenzpunkt Potentialschwankungen auf, und der Verbrauch an Maßlösung ist auch von der Geschwindigkeit der Titration abhängig. Dies kann man beim Jodid durch Zugabe von Bariumnitrat zu der zu untersuchenden Lösung in gewissem Maße einschränken, jedoch soll die Anwendung von Jodid oder Bromid bei der Silberbestimmung nach Möglichkeit vermieden werden.

Reaktion: $Ag^{\cdot} + 2\,CN' = Ag(CN)_2'$ (20).
Indicatorelektrode: Silber oder Silbersulfid.

Bei der Titration einer Silberlösung treten zwei Potentialsprünge auf: einer nach Beendigung der Reaktion

$$Ag^{\cdot} + CN' = AgCN,$$

der zweite nach Beendigung von

$$AgCN + CN' = Ag(CN)_2'.$$

Der zweite Sprung ist etwas unsicher, da sich die letzten Reste des Silbercyanids nur langsam in Kaliumcyanid auflösen. Es genügt daher, bis zum ersten Sprung zu titrieren.

Reaktion: $2\,Ag^{\cdot} + S'' = Ag_2S$ (21).
Indicatorelektrode: Silbersulfid.

Die Bestimmung von Silber mit einer 0,1 n-Na_2S-Lösung ist genau, wenn man nicht zu langsam titriert. Es empfiehlt sich daher die Anwendung eines Röhrenvoltmeters. Die Lösung darf keine freie Säure enthalten und muß mit Natriumacetat gepuffert sein.

$$\text{Reaktion: } 2\,Ag^{\cdot} + S_2O_3{}'' = Ag_2S_3O_3 \ (22).$$
Indicatorelektrode: Silber oder Silbersulfid.

Der Äquivalenzpunkt wird durch einen großen Sprung angezeigt, wenn man die Lösung mit Natriumacetat puffert und in der Kälte, möglichst bei $0°$, schnell titriert.

Außer den angeführten liefert auch die

$$\text{Reaktion: } 3\,Ag^{\cdot} + Co(CN)_6{}''' = Ag_3Co(CN)_6 \ (23)$$
genaue Werte.

Wismut. a) Fällungs- und Komplexbildungsreaktionen:

$$\text{Reaktion: } BiO^{\cdot} + Cl' = BiOCl \ (24)$$
$$\text{und} \quad Cl' + Ag^{\cdot} = AgCl.$$
Indicatorelektrode: Silber oder Silberjodid.

Das Wismut kann nach diesem Verfahren nur indirekt bestimmt werden. Die Fällung des Wismutoxychlorids nimmt man in der Weise vor, daß man zu der salpetersauren Lösung einen Überschuß an 0,1 Salzsäure und in der Hitze soviel einer 2 n-Natriumacetat-Lösung hinzufügt, bis die Fällung vollständig ist. Man filtriert dann von dem Oxychlorid ab, wäscht den Niederschlag mit schwach essigsaurem Wasser aus, löst ihn in halbkonzentrierter Salpetersäure auf, verdünnt die erhaltene Lösung mit Wasser und titriert das Chlorid mit einer Silbernitratlösung bis zum Potentialsprung.

Andere brauchbare Verfahren, das Wismut mit Hilfe einer Fällungs- oder Komplexbildungs-Reaktion zu bestimmen, sind bisher nicht bekannt geworden.

b) Oxydations/Reduktionsreaktionen:

$$\text{Reaktion: } Bi^{\cdots} + 3\,Ti^{\cdots} = Bi + 3\,Ti^{\cdots\cdots} \ (25)$$
Indicatorelektrode: Platin.

Damit diese Titration mit hinreichender Geschwindigkeit verläuft, darf die Lösung nur schwach sauer sein; man verwendet daher zweckmäßig essigsaure Lösungen. Um eine Hydrolyse der nur schwach sauren Wismutlösung zu verhindern, versetzt man diese mit einer reichlichen Menge Natriumchlorid. Um die bei der Titration freiwerdende Mineralsäure zu binden, puffert man die Lösung außerdem mit Ammoniumacetat und fügt ferner Weinsäure hinzu, um eine Abscheidung von Titansäure zu unterbinden.

Das bei der Reaktion entstehende feinverteilte metallische Wismut setzt sich leicht an der Indicatorelektrode fest und veranlaßt dauernde Potentialschwankungen, welche die Titration außerordentlich erschweren. Man kann dies dadurch einschränken, daß man den Rührer an der Indicatorelektrode schleifen läßt.

Die Methode ist empirisch, denn der Titanverbrauch ist gegen die Theorie um 1,2%, bei Gegenwart von Eisen oder Kupfer um den konstanten Betrag von 0,6% zu groß. Die Methode ist wenig zu empfehlen.

Blei. a) Fällungs- und Komplexbildungsreaktionen:

$$\text{Reaktion: } 2\,Pb^{\cdot\cdot} + Fe(CN)_6'''' = Pb_2Fe(CN)_6 \quad (26)$$
Indicatorelektrode: Platin.

Für die Titration mit Ferrocyanid verwendet man eine Lösung, die bei einer Konzentration von m/10 Ferrocyanid 1 g Ferricyankalium je Liter enthält. Die Titration von neutralen Lösungen liefert genaue Werte bis herab zu Konzentrationen von 0,04 n. Bei stärker verdünnten Lösungen wird etwas zu wenig gefunden. Die Gegenwart von Essigsäure und größerer Mengen Natriumnitrat veranlaßt etwas zu kleine Werte. Bei Anwesenheit größerer Mengen von Acetaten ist die Bestimmung nicht mehr möglich. Durch Zusatz von Aceton lassen sich die störenden Einflüsse jedoch bis zu einem gewissen Betrage beseitigen.

Indirekt kann das Blei durch Fällung als Chromat bestimmt werden (s. S. 86).

Kupfer. a) Fällungs- und Komplexbildungsreaktionen:

$$\text{Reaktion: } Cu^{\cdot\cdot} + S'' = CuS \quad (21).$$
Indicatorelektrode: Silbersulfid.

Die neutrale Lösung soll 30—40 ccm 2 n-Natriumacetatlösung enthalten. Die Gegenwart von Nitraten ist möglichst zu vermeiden oder doch wenigstens einzuschränken. Bei genügend schneller Titration (Röhrenvoltmeter!) erhält man genaue Resultate. Nach der Erreichung des Äquivalenzpunktes gehen die Potentialänderungen beim Zusatz von Na_2S-Lösung infolge Adsorption mehr oder weniger schnell wieder zurück. Freie Säure ist auf jeden Fall zu vermeiden.

$$\text{Reaktion: } Cu^{\cdot} + CNS' = CuCNS \quad (27)$$
$$\text{und} \quad CNS' + Ag^{\cdot} = AgCNS.$$
Indicatorelektrode: Silberjodid.

Für die unmittelbare Titration des Kupfers mit Rhodanid muß das Kupfer zunächst zu seiner einwertigen Form reduziert werden. Die Anwendung von Sulfit oder Bisulfit für diesen Zweck hat den Nachteil, daß sich oftmals ein roter kristalliner Niederschlag von Cupri-Cuprosulfit ausscheidet, der einen Teil des Kupfers der Lösung entzieht und dadurch zu niedrige Resultate veranlaßt. Da bei Verwendung einer Kupferelektrode bei einer Temperatur von über 65° gearbeitet werden muß, um eine Passivierung zu vermeiden, diese höhere Temperatur aber die Bildung von Cupri-Cuprosulfit begünstigt, kann diese unmittelbare Titration nur unter genau festzulegenden Bedingungen durchgeführt werden. Aber auch bei Verwendung einer Silberjodidelektrode als Indicatorelektrode für Rhodanionen, bei welcher eine Passivierung nicht eintritt, läßt sich die unmittelbare Titration nur schlecht durchführen, da die Reaktionsgeschwindigkeit für die Bildung des Cuprorhodanids zu gering ist. Man bestimmt das Kupfer daher zweckmäßiger indirekt, indem man den Überschuß an Rhodanid mit Silbernitrat zurücktitriert. Als Reduktionsmittel haben sich Traubenzucker und Hydrazinsulfat in natriumacetatalkalischer Lösung besser bewährt als schweflige Säure, da diese vor der Titration nicht erst wieder aus der Lösung entfernt zu werden brauchen.

Zu der neutralen oder nur schwach sauren Lösung gibt man 20 ccm 2 n-Natriumacetatlösung, einen Überschuß gestellter 0,1 n-KCNS-Lösung und etwa 2—3 g Traubenzucker hinzu. Die Lösung wird dann solange gekocht, bis die blaue Kupferfarbe vollständig verschwunden ist. Die Kochdauer beträgt etwa 25—30 Minuten. Dann wird die Lösung abgekühlt, durch Zugabe von 15 ccm 2 n-Schwefelsäure und 20 ccm 2 n-Essigsäure angesäuert und mit einer Silbernitratlösung potentiometrisch titriert.

Verwendet man als Reduktionsmittel Hydrazinsulfat, so ist die Reduktion in bedeutend kürzerer Zeit beendet, so daß man die Lösung nicht zu kochen braucht.

$$\text{Reaktion: } Cu^{\cdot\cdot} + S_2O_3{''} = CuS_2O_3.$$
Indicatorelektrode: Silbersulfid.

Die Titration wird in neutraler, mit Natriumacetat gepufferter Lösung und in der Kälte durchgeführt. Sie liefert genaue Werte.

b) Oxydations/Reduktionsreaktionen:

$$\text{Reaktion: } Cu^{\cdot\cdot} + Ti^{\cdot\cdot\cdot} = Cu^{\cdot} + Ti^{\cdot\cdot\cdot\cdot} \quad (28).$$
Indicatorelektrode: Platin.

Die Reduktion wird nach Tomicek zweckmäßig in Gegenwart von KCNS vorgenommen. Die Lösung soll folgende Zusammensetzung haben: Auf 25 ccm 0,1 n-$CuSO_4$ + 25 ccm H_2O + 2,5 ccm 25% iger HCl etwa 0,5 g KCNS.

Cadmium. a) Fällungs- und Komplexbildungsreaktionen:

$$\text{Reaktion: } 2\,Cd^{\cdot\cdot} + Fe(CN)_6{''''} = Cd_2Fe(CN)_6 \quad (26).$$
Indicatorelektrode: Platin.

Der Potentialsprung erfolgt nur dann genau am Äquivalenzpunkt, wenn man mit Ferrocyannatrium titriert. Die Lösungen dürfen keine freie Säure enthalten und werden bei 75° titriert; das Umschlagpotential beträgt $+ 0{,}22$ Volt.

Reaktion: $Cd^{..} + S'' = CdS$ (21).
Indicatorelektrode: Silbersulfid.

Die Lösung wird mit etwa 30 ccm 2 n-Natriumacetatlösung versetzt und in der Kälte mit Na_2S titriert. Sie darf keine freie Säure enthalten. Die Bestimmungen sind genau.

Quecksilber. a) Fällungs- und Komplexbildungsreaktionen:

Reaktion: $Hg^{..} + 2\,Cl' = HgCl_2$ (5).
Indicatorelektrode: Silberchlorid.

Während Mercuriionen an einer Quecksilberelektrode nicht titriert werden können, da sie an der Elektrode zu Mercuroionen reduziert werden würden, ist ihre Bestimmung an einer geeigneten Silberelektrode zweiter Art möglich. Die Titration mit Chlorid an einer Silberchloridelektrode liefert sehr genaue Werte.

Reaktion: $Hg^{..} + 2\,J' = HgJ_2$ (5).
Indicatorelektrode: Silberjodid.

Auch diese Bestimmung ist genau. HgJ_2 löst sich in überschüssigem Kaliumjodid zu $(HgJ_4)K_2$. Es tritt daher noch ein zweiter Potentialsprung auf, der aber zu flach und daher analytisch nicht zu verwerten ist.

Reaktion: $Hg_2^{..} + 2\,Cl' = Hg_2Cl_2$ (30).
Indicatorelektrode: Verquecksilberter Platindraht.

Diese Methode liefert genaue Resultate, das Umschlagpotential beträgt etwa $+ 0{,}32$ Volt.

Reaktion: $Hg_2^{..} + 2\,Br' = Hg_2Br_2$ (30).

Bei dieser Titration tritt ein wesentlich größerer und schärferer Sprung auf als bei der mit Chlorid. $E_U = + 0.29$ Volt.

Reaktion: $Hg_2^{..} + 2\,CNS' = Hg_2(CNS)_2$ (31).
Indicatorelektrode: Verquecksilberter Platindraht.

Bei dieser Titration tritt ein deutlicher und großer Potentialsprung auf. Das Umschlagpotential liegt bei etwa $+ 0{,}25$ Volt. Die Bestimmungen sind genau.

Reaktion: $Hg_2^{..} + 2\,CN' = Hg + Hg(CN)_2$ (31).
Indicatorelektrode: Verquecksilberter Platindraht.

Der Potentialsprung liegt genau am Äquivalenzpunkt. Das Umschlagspotential beträgt etwa $+ 0{,}236$ Volt.

b) Oxydations-Reduktionsreaktionen:

Reaktion: $Hg^{..} + 2\,Ti^{...} = Hg + 2\,Ti^{....}$ (32).
Indicatorelektrode: Platin.

Bei dieser Titration muß die Bildung von Mercurochlorid vermieden werden, da dieses zu langsam weiter reagiert. Dies erreicht man durch Zugabe von Ammoniumchlorid, wodurch infolge Komplexbildung von $HgCl_4''$ das Gleichgewicht

$$Hg_2\cdot\cdot = Hg\cdot\cdot + Hg$$

soweit nach rechts verschoben wird, daß etwa entstandenes Mercurochlorid in Quecksilber und Mercurichlorid zerfällt. Die bei der Reaktion entstehende Titansäure wird durch Weinsäure in Lösung gehalten. Außerdem fügt man als Reaktionsvermittler $BiCl_3$ hinzu. Die zu titrierende Lösung soll etwa folgende Zusammensetzung haben: 2 g Weinsäure, 3—10 g Ammoniumacetat (je nach der vorhandenen Säuremenge), 15 g Ammoniumchlorid und 5—10 ccm 0,1 n-Wismutchloridlösung auf ein Volumen von 200 ccm der zu untersuchenden Lösung.

Antimon. Oxydations/Reduktionsreaktionen:

Reaktion: $3 SbO_2H + 2 HCrO_4' + 8 H\cdot = 2 Cr\cdots + 3 SbO_4H_3 + 2 H_2O$.
Indicatorelektrode: Platin.

Die Lösung soll 25 Vol.% konz. Salzsäure enthalten. Der Potentialsprung ist nicht sehr groß.

Reaktion: $BrO_3' + 3 SbO_2H + 3 H_2O = Br' + 3 SbO_4H_3$.
Indicatorelektrode: Platin.

Enthält die zu untersuchende Lösung mindestens 5% freie Salzsäure, so erhält man bei einem großen und scharfen Potentialsprung sehr genaue Werte.

Dreiwertiges Antimon kann in salzsaurer Lösung auch genau mit Permanganat titriert werden; Indicatorelektrode Platin.

Reaktion: $SbO_4H_3 + 2 H\cdot + 2 Ti\cdots = SbO_2H + 2 H_2O + 2 Ti\cdots\cdot$ (33).
Indicatorelektrode: Platin.

Diese Titration dauert etwa eine halbe Stunde, selbst wenn man die Reduktion bei 90—95° durchführt. In der Gegend des Potentialsprunges muß langsam titriert werden, da sich die Potentiale schlecht einstellen. Die Lösung soll mindestens 3% freie Salzsäure enthalten und muß unter Luftabschluß gehalten werden.

Reaktion: $Sb\cdots\cdots + Sn\cdot\cdot = Sb\cdots + Sn\cdots\cdot$ (34).
Indicatorelektrode: Platin.

Diese Titration gelingt nur, wenn die Lösung 2 n an Salzsäure ist und einen Überschuß an KJ als Katalysator enthält. Die Reduktion des Antimons erfolgt nicht unmittelbar durch das Zinn. Bekanntlich macht fünfwertiges Antimon in stark saurer Lösung Jod frei, welches dann seinerseits das zweiwertige Zinn oxydiert.

Reaktion: $SbO_4H_3 + 2 H\cdot + 2 Cr\cdot\cdot = SbO_2H + 2 H_2O + 2 Cr\cdots$ (35).
Indicatorelektrode: Platin.

Diese Bestimmung ist in heißer, salzsaurer und kalziumchloridhaltiger Lösung gut durchführbar. Da Chromoionen auch das dreiwertige Antimon weiter zum Metall reduzieren können, muß man in der Nähe des Äquivalenzpunktes langsam titrieren, damit sich etwa gebildetes metallisches Antimon wieder umsetzen kann nach der Gleichung

$$2\,Sb + 3\,Sb^{\cdots\cdots} = 5\,Sb^{\cdots}.$$

Selbstverständlich muß unter Luftabschluß gearbeitet werden, wie bei allen Titrationen mit starken Reduktionsmitteln.

Arsen. Oxydations/Reduktionsreaktionen:

Reaktion: $BrO_3' + 3\,AsO_2H + 3\,H_2O = Br' + 3\,AsO_4H_3$.
Indicatorelektrode: Platin.

Diese Bestimmung von dreiwertigem Arsen ist analog der Titration von dreiwertigem Antimon durchzuführen. Die Lösung soll mindestens 5% freie Salzsäure enthalten und kann sowohl in der Kälte als auch in der Wärme titriert werden.

Reaktion: $2\,MnO_4' + 5\,AsO_2H + 6\,H^{\cdot} + 2\,H_2O = 2\,Mn^{\cdot\cdot} + 5\,AsO_4H_3$
Indicatorelektrode: Platin. (36).

Bei dieser Titration liegt der Potentialsprung nur dann genau im Äquivalenzpunkt, wenn zu der Lösung als Reaktionsvermittler 1 Tropfen einer $^1/_{400}$ Mol. KJ- oder KJO_3-Lösung und 1 g NaCl auf 100 ccm hinzugegeben werden.

Zinn. Oxydations/Reduktionsreaktionen:

Reaktion: $2\,MnO_4' + 5\,Sn^{\cdot\cdot} + 16\,H^{\cdot} = 2\,Mn^{\cdot\cdot} + 5\,Sn^{\cdots\cdots} + 8\,H_2O$.
Indicatorelektrode: Platin.

Bei dieser Titration erhält man in schwefelsaurer Lösung einen großen und scharfen Potentialsprung.

Reaktion: $Sn^{\cdot\cdot} + J_2 = Sn^{\cdots\cdots} + 2\,J'$.
Indicatorelektrode: Platin.

Das Ende der Reaktion wird durch einen großen Potentialsprung angezeigt, der nur wenig von der Konzentration abhängt. Das Umschlagspotential beträgt etwa $+ 0{,}1$ Volt.

Vanadin. Oxydations/Reduktionsreaktionen:

Reaktion: $VO_4''' + Fe^{\cdot\cdot} + 6\,H^{\cdot} = VO^{\cdot\cdot} + Fe^{\cdots} + 3\,H_2O$ (37).
Indicatorelektrode: Platin.

Die Titration wird in der Kälte durchgeführt. Ist eine genügende Konzentration an Schwefelsäure vorhanden, so erhält man bei einem deutlichen und scharfen Potentialsprung sehr genaue Werte. Titriert

man die kalte Lösung schnell (Röhrenvoltmeter), so stören kleinere
Mengen Salpetersäure nicht.

Reaktion: $VO_4''' + 8\,H^{\cdot} + Sn^{\cdot\cdot} = V^{\cdot\cdot\cdot} + Sn^{\cdot\cdot\cdot\cdot} + 4\,H_2O$ (38).
Indicatorelektrode: Platin.

Diese Titration kann mit ausreichender Geschwindigkeit durchgeführt werden, wenn die Lösung 40 Vol.% konz. Schwefelsäure und
als Katalysator einige mg Molybdän enthält. Es wird bei 50° titriert.

Vanadin kann ferner mit Titano- und Chromosalzlösungen potentiometrisch bestimmt werden. Dabei treten zwei Potentialsprünge auf
nach Beendigung der Reaktionen:

$$VO_4''' \rightarrow VO^{\cdot\cdot} \qquad \text{und}$$
$$VO^{\cdot\cdot} \rightarrow V^{\cdot\cdot\cdot}.$$

Molybdän. a) Fällungs- und Komplexbildungsreaktionen:

Reaktion: $MoO_4'' + Ba^{\cdot\cdot} = BaMoO_4$ (6).
Indicatorelektrode: Molybdänblech oder -draht.

An Stelle von $BaCl_2$ kann Molybdat auch mit Lösungen von $HgClO_4$
und $Pb(ClO_4)_2$ potentiometrisch bestimmt werden. Die Ergebnisse sind
genau.

b) Oxydations/Reduktionsreaktionen:

Reaktion: $2\,MoO_4'' + 16\,H^{\cdot} + Sn^{\cdot\cdot} = 2\,Mo^{\cdot\cdot\cdot\cdot\cdot} + Sn^{\cdot\cdot\cdot\cdot} + 8\,H_2O$ (38).
Indicatorelektrode: Platin.

Die Lösungen müssen 50 Vol.% konz. Salzsäure enthalten. Zweckmäßig setzt man ferner 0,05 g Mohrsches Salz hinzu. Titriert wird bei
20—35°.

Reaktion: $MoO_4'' + 8\,H^{\cdot} + 3\,Cr^{\cdot\cdot} = Mo^{\cdot\cdot\cdot} + 3\,Cr^{\cdot\cdot\cdot} + 4\,H_2O$ (39).
Indicatorelektrode: Platin.

Bei dieser Reaktion tritt ein guter Potentialsprung auf, wenn bei
80—100° titriert wird und die Lösung etwa folgende Zusammensetzung
hat: 20 ccm mit 50 ccm Wasser und 50 ccm konz. Salzsäure versetzt
und heiß mit KCl gesättigt.

Eisen. Oxydations/Reduktionsreaktionen:

Reaktion: $Fe^{\cdot\cdot\cdot} + Ti^{\cdot\cdot\cdot} = Fe^{\cdot\cdot} + Ti^{\cdot\cdot\cdot\cdot}$ (40).
Indicatorelektrode: Platin.

Die Bestimmung wird am besten bei einer Temperatur von 50—60°
vorgenommen. Mit 0,1 n-Lösungen kann der Äquivalenzpunkt noch auf
0,01 ccm genau bestimmt werden. Die Genauigkeit beträgt bei 0,3 mg
Eisen noch etwa 0,1%. In Gegenwart von Fluoriden werden keine guten
Resultate gefunden. Weinsäure kann zugegen sein, wenn man bei

50—90° arbeitet, um ein Ausfallen von Kaliumhydrotartrat zu verhindern.

$$\text{Reaktion: } 2\,Fe^{\cdots} + Sn^{\cdot\cdot} = 2\,Fe^{\cdot\cdot} + Sn^{\cdots\cdot} \quad (41).$$
Indicatorelektrode: Platin.

Die Titration muß bei 75° in salzsaurer Lösung vorgenommen
werden, da die Reaktion bei Zimmertemperatur zu träge verläuft. Bei
75° dagegen ergibt sich bei prompter Potentialeinstellung ein großer
Endsprung.

$$\text{Reaktion: } 2\,Fe^{\cdots} + 2\,S_2O_3'' = 2\,Fe^{\cdot\cdot} + S_4O_6'' \quad (42).$$
Indicatorelektrode: Platin.

Zu 80 ccm der Lösung gibt man 2 ccm 0,1 n-Salzsäure und 0,5 ccm
n-Kupfersulfatlösung als Beschleuniger. Die Titration wird zweckmäßig
bei 50° durchgeführt.

$$\text{Reaktion: } 5\,Fe^{\cdot\cdot} + MnO_4' + 8\,H^{\cdot} = Mn^{\cdot\cdot} + 5\,Fe^{\cdots} + 8\,H_2O.$$
Indicatorelektrode: Platin.

Diese Titration erfolgt in ähnlicher Weise wie bei der gewöhnlichen
maßanalytischen Eisenbestimmung nach Zimmermann-Reinhard.
Ein Zusatz von Mangansulfat und Phosphorsäure ist bei der potentiometrischen Bestimmung nicht notwendig, da bei schneller Titration
die Ferroionenkonzentration, welche die Oxydation der Salzsäure durch
Permanganat begünstigt, alsbald klein, die Manganionenkonzentration
welche die Reduktion des Chlors durch Ferroionen beschleunigt, alsbald
groß gemacht wird. Da die Färbung der Lösung nicht stört, ist der
Zusatz von Phosphorsäure überflüssig.

$$\text{Reaktion: } BrO_3' + 6\,H^{\cdot} + 6\,Fe^{\cdot\cdot} = Br' + 6\,Fe^{\cdots} + 3\,H_2O.$$
Indicatorelektrode: Platin.

In salzsauren Lösungen wird ein besserer Potentialsprung erhalten
als in schwefelsauren. Man gibt daher zu 50—60 ccm der Lösung
20 ccm 4 n-Salzsäure hinzu. Titriert wird bei Zimmertemperatur.

Aluminium. Fällungs- und Komplexbildungsreaktionen:

$$\text{Reaktion: } Al^{\cdots} + 6\,F' = AlF_6''' \quad (43).$$
Indicatorelektrode: Platin.

$$\text{Indizierende Reaktion: } Fe^{\cdot\cdot} + Fe^{\cdots} + 6\,F' = FeF_6''' + Fe^{\cdot\cdot}.$$

Die Lösung soll bei der Titration möglichst konzentriert sein. Sie
wird mit NaCl gesättigt und durch Zugabe von Natronlauge von überschüssiger Säure befreit. Bedingung für gute Resultate ist, daß die
Lösung eine Acidität von höchstens $8 \cdot 10^{-3}$ n-HCl hat. Sie wird mit
reinem 96%igem Alkohol auf das Doppelte verdünnt; ihr Volumen darf
auch jetzt nicht mehr als 100 ccm betragen. Zur Indication werden
zwei Tropfen einer Ferrochloridlösung (20 g $FeCl_2 + 4\,H_2O$ in 100 ccm

Wasser) mit kleinem Ferrichloridgehalt zugefügt. Da die Bildung der Fluoridkomplexe Zeit beansprucht, ist die Bestimmung etwas langwierig ($1/2$—$3/4$ Std.). Sie liefert aber gute Werte.

Chrom. a) Fällungs- und Komplexbildungsreaktionen:

$$\text{Reaktion: } CrO_4'' + Hg_2{}^{\cdot\cdot} = Hg_2CrO_4 \quad (44).$$

Indicatorelektrode: Verquecksilberter Platindraht.

Bei dieser Titration, zu welcher man als Quecksilbersalz zweckmäßig das Mercuroperchlorat verwendet, findet der Potentialsprung bei einem Verhältnis $Cr : Hg = 3 : 7$ statt.

b) Oxydations/Reduktionsreaktionen:

Reaktion: $HCrO_4' + 3\,Fe^{\cdot\cdot} + 7\,H^{\cdot} = Cr^{\cdots} + 3\,Fe^{\cdots} + 4\,H_2O$.
Indicatorelektrode: Platin.

Bei der Titration, die in der Kälte durchgeführt wird, ist auf eine genügende Säurekonzentration zu achten, da von ihr die Größe des Potentialsprunges abhängt. Außer in schwefelsaurer kann auch in salzsaurer Lösung titriert werden. Die Gegenwart größerer Mengen Salpetersäure muß man nach Möglichkeit vermeiden. Nicht allzu große Mengen stören nicht, wenn man in der Kälte und möglichst schnell (Röhrenvoltmeter) titriert.

Reaktion: $2\,HCrO_4' + 14\,H^{\cdot} + 3\,Sn^{\cdot\cdot} = 2\,Cr^{\cdots} + 3\,Sn^{\cdots\cdot} + 8\,H_2O$ (45).
Indicatorelektrode: Platin.

Man erhält bei dieser Titration einen großen Potentialsprung, wenn man in stark salzsaurer Lösung titriert. Die Lösung soll 25 Vol.% konz. Salzsäure enthalten. In der Gegend des Äquivalenzpunktes ist die Potentialeinstellung etwas rückläufig. Man kann die Reaktion beschleunigen, wenn man der Lösung etwas $CrCl_3$ zusetzt und sie bei 50° titriert.

In ähnlicher Weise kann auch mit $HSbO_2$- und $HAsO_2$-Lösungen titriert werden. Der Potentialsprung ist hierbei jedoch bedeutend kleiner.

Titan. Oxydations/Reduktionsreaktionen:

$$\text{Reaktion: } Ti^{\cdots\cdot} + Cr^{\cdot\cdot} = Ti^{\cdots} + Cr^{\cdots} \quad (46).$$

Indicatorelektrode: Platin.

Die Reaktion verläuft ziemlich langsam, und der Potentialsprung ist nicht sehr groß.

Zumeist wird man bei der Titanbestimmung so vorgehen, daß das Titan im Cadmiumreduktor reduziert und danach mit einem Oxydationsmittel titriert wird. Da das dreiwertige Titan ein sehr starkes Reduktionsmittel ist, sind sehr viele Oxydationsmittel hierfür geeignet wie MnO_4', CrO_4'', JO_3', ClO_3', $Fe^{\cdots}$ usw. Als Indicatorelektrode dient die Platinelektrode.

Uran. a) Fällungs- und Komplexbildungsreaktionen:

$$\text{Reaktion: } UO_2{}^{..} + HPO_4{}'' = UO_2HPO_4 \quad (47).$$
Indicatorelektrode: frisch platiniertes Platin.

Um in der Lösung eine geringe Konzentration an Uranoionen zwecks Indication des Äquivalenzpunktes zu erzeugen, setzt man ihr vor der Titration etwas einer sehr verdünnten Lösung von Hydrochinon oder Ferrocyankalium zu. Die Titration ist sehr zeitraubend; sie verläuft jedoch schneller, wenn man etwas Hg_2SO_4 hinzusetzt und bei 70° unter Verwendung einer Quecksilberelektrode titriert.

$$\text{Reaktion: } U^{....} + P_2O_6{}'''' = UP_2O_6 \quad (48).$$
Indicatorelektrode: Platin.

Die Lösung soll höchstens 1 n an Schwefelsäure sein. Man erhält einen großen Potentialsprung, der an der richtigen Stelle liegt. Phosphat stört nicht, hingegen Phosphit und Hypophosphit.

b) Oxydations/Reduktionsreaktionen:

$$\text{Reaktion: } UO_2{}^{..} + 4\,H^{.} + 2\,Ti^{...} = U^{....} + 2\,H_2O + 2\,Ti^{....}$$
Indicatorelektrode: Platin.

Man versetzt die Lösung mit einer reichlichen Menge Kalium-Natriumtartrat und titriert bei einer Temperatur von 60°. Bei langsamer Titration muß die Lösung gegen Luftsauerstoff geschützt werden (CO_2). Das Verfahren liefert genaue Werte.

$$\text{Reaktion: } 5\,U^{....} + 2\,MnO_4{}' + 2\,H_2O = 2\,Mn^{..} + 5\,UO_2{}^{..} + 4\,H^{.}.$$
Indicatorelektrode: Platin.

Liegt das Uran sechswertig vor, so kann es im Zink- oder Cadmium-reduktor zu vierwertigem reduziert und dann mit Permanganat titriert werden. Ob bei der Reduktion neben vierwertigem auch dreiwertiges Uran entsteht, ist anscheinend verschieden je nach den Versuchs-bedingungen. Ist dreiwertiges Uran entstanden, so erhält man bei der Titration mit Permanganat noch einen Zwischensprung, wenn das drei-wertige Uran quantitativ in das vierwertige übergegangen ist.

Mangan. Oxydations/Reduktionsreaktionen:

$$\text{Reaktion: } 2\,MnO_4{}' + 5\,H_2C_2O_4 + 6\,H^{.} = 2\,Mn^{..} + 10\,CO_2 + 8\,H_2O.$$
Indicatorelektrode: Platin.

Da das Mangan zumeist zweiwertig in Lösung vorliegt, muß es zunächst zu Permanganat oxydiert werden. Dies geschieht nach dem Silber-Persulfatverfahren. Der Überschuß an Persulfat muß verkocht werden. Die Lösung darf jedoch nicht zu lange im Sieden gehalten werden, da sich sonst leicht Braunstein abscheidet. Man hört dann auf, wenn die Lösung zu stoßen beginnt (s. S. 108). Die Titration mit Oxalsäure wird in der Hitze durchgeführt. Eine ausreichende Säurekonzentration ist wichtig.

$$\text{Reaktion:} \quad 2\,MnO_4' + 3\,Mn^{\cdot\cdot} + 2\,H_2O = 5\,MnO_2 + 4\,H^{\cdot} \quad (49).$$
Indicatorelektrode: Platin.

Diese Manganbestimmung kann wie nach der Methode von Volhard-Wolff bei Gegenwart von Zinksulfat auch potentiometrisch durchgeführt werden. Die Reaktionsgeschwindigkeit ist besonders gegen das Ende nicht sehr schnell, so daß der Potentialsprung nach einiger Zeit wieder zurückgeht. Man darf daher nicht zu schnell titrieren. Der Potentialsprung ist nicht sehr groß aber deutlich (s. auch S. 113).

Nickel. Fällungs- und Komplexbildungsreaktionen:

$$\text{Reaktion:} \quad Ni^{\cdot\cdot} + 4\,CN' = Ni(CN)_4'' \quad (50).$$
Indicatorelektrode: Silbersulfid.

Bei dieser unmittelbaren Titration von Nickel mit Kaliumcyanid kann in reinen Lösungen auch eine Silberelektrode verwendet werden. Sie versagt jedoch, wenn oxydierende Bestandteile zugegen sind, wie Ferrieisen.

Um bei größeren Nickelmengen eine Abscheidung von $Ni(CN)_2$, welches primär entsteht, zu vermeiden, setzt man zu der Lösung Weinsäure hinzu (für 5 Millimol etwa 4 g) und macht sie stark ammoniakalisch. Liegen neutrale Lösungen von Nickel vor, so verwendet man zweckmäßig neutrales Natriumtartrat und vermeidet den Zusatz von Ammoniak überhaupt. Die Bestimmung ist sehr genau und kann auch zur Titerstellung der Kaliumcyanidlösung mit einer Nickellösung bekannten Gehaltes benutzt werden.

Kobalt. Fällungs- und Komplexbildungsreaktionen.

$$\text{Reaktion:} \quad Co^{\cdot\cdot} + 5\,CN' + H_2O = [Co(H_2O)\,(CN)_5]''' \quad (50).$$
Indicatorelektrode: Silbersulfid.

In der gleichen Weise wie das Nickel kann auch das Kobalt mit Kaliumcyanid bestimmt werden. Obgleich das zweiwertige Kobalt in Gegenwart von Cyanionen sehr leicht von Luftsauerstoff oxydiert wird, läßt sich die Bestimmung sehr genau durchführen, wenn man schnell titriert (Röhrenvoltmeter).

In Gegenwart von Ammoniak verläuft die Reaktion zu träge, um potentiometrisch verfolgt werden zu können. Besonders der Eintritt des fünften Cyans in den Komplex erfordert in Gegenwart von Ammoniak sehr viel Zeit. Da hierdurch die Gefahr einer Oxydation zu groß wird, kann die Bestimmung in ammoniakalischer Lösung nicht durchgeführt werden.

Zink. Fällungs- und Komplexbildungsreaktionen:

Reaktionen: $3\,Zn^{..} + 2\,KFe(CN)_6''' = K_2Zn_3[Fe(CN)_6]_2$ (51).

Indicatorelektrode: Platin.

Durch eine eingehende Prüfung der potentiometrischen Titration von Zink mit Kaliumferrocyanid konnte E. Brennecke die Angabe von Kolthoff bestätigen, daß die Titration bei 70° stets zu wenig Zink liefert. Der Fehler ergibt sich zu etwa —1%. Er verringert sich etwas, wenn man in der Kälte titriert. Da jedoch die Potentialeinstellung in der Kälte zu träge erfolgt, muß im Gebiete des Äquivalenzpunktes bei 65—75° zu Ende titriert werden.

Beim Arbeiten in der Wärme dürfen die Lösungen nicht stark sauer sein, da sonst das Ferrocyanid zersetzt wird. Größere Mengen von Natrium, Magnesium, Calcium- und Aluminiumsalzen stören. Der störende Einfluß von Ferrisalzen kann durch Zugabe von Ammoniumfluorid und Schwefelsäure beseitigt werden.

Außer Mangan und Kupfer soll nach Kolthoff auch die Gegenwart von Cadmiumsalzen störend wirken. — Der 0,1 n-Kaliumferrocyanidlösung setzt man 1 g Ferricyankalium je Liter zu.

Reaktion: $Zn^{..} + S'' = ZnS$ (21).

Indicatorelektrode: Silbersulfid.

In einer Lösung, die mit Natriumacetat schwach alkalisch gemacht ist, läßt sich Zink sehr genau mit einer gestellten Lösung von Natriumsulfid titrieren. Die Bestimmung wird in der Kälte durchgeführt.

Barium. Fällungs- und Komplexbildungsreaktionen:

Reaktion: $Ba^{..} + SO_4'' = BaSO_4$ (52),

$SO_4'' + Pb = PbSO_4$ und

$Pb + K_4Fe(CN)_6 = Pb_2Fe(CN)_6 + 4\,K^{.}$.

Indicatorelektrode: Platin.

Die zu untersuchende Bariumsalzlösung wird mit einem Überschuß von 0,1 m-K_2SO_4-Lösung und darauf mit 30 ccm Alkohol und einem Überschuß von $Pb(NO_3)_2$-Lösung versetzt. Dann wird vom $BaSO_4$- und $PbSO_4$-Niederschlag abfiltriert, dieser mit Alkohol ausgewaschen. Im Filtrat bestimmt man das überschüssige Blei dann in der bekannten Weise potentiometrisch mit Kaliumferrocyanid (s. S. 47). Die Gegenwart von Strontium stört, die von Calcium hingegen nicht, so daß hier eine Methode gegeben ist, um Barium neben Calcium zu bestimmen. Potentiometrische Bestimmungen für Strontium und Calcium sind bisher nicht bekannt geworden.

Magnesium. Fällungs- und Komplexbildungsreaktionen:

Reaktion: $Mg^{..} + 3\,F' = MgF_3'$ (43).

Indicatorelektrode: Platin.

Diese Magnesiumbestimmung wird in der gleichen Weise durchgeführt wie die analoge von Aluminium, so daß an dieser Stelle nur darauf verwiesen zu werden braucht (s. S. 53).

Kalium (Rubidium, Cäsium). Fällungs- und Komplexbildungsreaktionen:

$$\text{Reaktion: } 2\,K^{\cdot} + Ca_2Fe(CN)_6 = K_2CaFe(CN)_6 + Ca^{\cdot\cdot} \quad (53).$$
Indicatorelektrode: Platin.

Kalium kann in neutraler oder schwach alkalischer, alkoholisch-wässeriger Lösung so bestimmt werden, daß es durch einen Überschuß an Ferrocyancalcium gefällt und der Überschuß mit $Zn^{\cdot\cdot}$ potentiometrisch zurücktitriert wird, wenn seine Menge nicht kleiner als 0,1 g ist. Chlorid und Sulfat darf nicht zugegen sein, $Na^{\cdot}$, $Ca^{\cdot\cdot}$ und $Mg^{\cdot\cdot}$ stören nicht.

Rb und Cs lassen sich nach diesem Verfahren in 50% Alkohol enthaltenden Lösungen nur ungefähr bestimmen. Der Fehler beträgt bis zu 2,5%.

Die Platinmetalle. Oxydations-Reduktionsverfahren:

$$\text{Reaktion: } Pt^{\cdots\cdots} + Sn^{\cdot\cdot} = Pt^{\cdot\cdot} + Sn^{\cdots\cdots} \quad (54).$$
Indicatorelektrode: Platin.

Das Platin wird zunächst mit Chlorwasser quantitativ in seine vierwertige Stufe übergeführt. Bei der Titration mit Zinnchlorür erhält man dann zwei Sprünge, einen ersten, wenn das überschüssige Chlor und einen zweiten, wenn das Platin zu $Pt^{\cdot\cdot}$ reduziert ist. Die etwa 2% Salzsäure enthaltende Lösung wird bis zum ersten Sprung bei 18° und weiter bis zum zweiten Sprung bei 70° titriert. Um einen guten Potentialsprung am Äquivalenzpunkt zu bekommen, muß man nach jedem Zusatz der Maßflüssigkeit längere Zeit bis zur Potentialkonstanz warten.

$$\text{Reaktion: } Pt^{\cdots\cdots} + 2\,Ti^{\cdots} = Pt^{\cdot\cdot} + 2\,Ti^{\cdots\cdots} \quad (55).$$
Indicatorelektrode: Platin.

Diese Titration wird in gleicher Weise wie die mit $Sn^{\cdot\cdot}$ durchgeführt. Man titriert wieder bis zum Chlorsprung bei 18°, dann bis zum Sprung $Pt^{\cdots\cdots}/Pt^{\cdot\cdot}$ bei 60°. Die Lösung soll nicht mehr als 1% Salzsäure enthalten. Titriert man über den zweiten Sprung hinaus, so tritt schließlich noch ein dritter Sprung nach Beendigung der Reaktion $Pt^{\cdot\cdot}/Pt$ auf, der jedoch zu spät erfolgt, da ein Teil des dreiwertigen Titans unter katalytischer Einwirkung des ausgeschiedenen Platins von den Wasserstoffionen der Lösung oxydiert wird.

Auf die Bestimmung von zweiwertigem Platin mit $MnO_4{'}$ und $BrO_3{'}$ ist von Stelling hingewiesen worden.

$$\text{Reaktion: } Os^{\cdots\cdots} + 4\,Ti^{\cdots} = Os^{\cdots\cdots} + 4\,Ti^{\cdots\cdots} \quad (56).$$
Indicatorelektrode: Platin.

Diese Titration wird am besten in 0,2—0,3 n-HBr-Lösung bei 60° durchgeführt. Der Potentialsprung liegt genau im Äquivalenzpunkt. Ist in der Lösung außerdem noch Br_2 vorhanden, so tritt zunächst ein Sprung auf, wenn alles Brom reduziert ist, und ein zweiter nach Beendigung der Reaktion $Os^{····}/Os^{····}$.

Gold. Oxydations-Reduktionsreaktionen:

$$\text{Reaktion: } Au^{···} + 3\,Fe^{··} = Au + 3\,Fe^{···} \quad (57).$$
Indicatorelektrode: Platin.

Nach der Oxydation des Goldes mit Chlorwasser erhält man bei der Titration zwei Potentialsprünge, den ersten nach der Reduktion des überschüssigen Chlors, den zweiten nach der Reduktion des Goldes. Die Konzentration an Salzsäure darf nur gering sein, da größere Mengen an Chlorionen infolge Komplexbildung nur eine geringe $Au^{···}$-Konzentration zulassen und den Potentialsprung dadurch verkleinern. Titriert wird bei 18°.

$$\text{Reaktion: } 2\,Au^{···} + 3\,Sn^{··} = 2\,Au + 3\,Sn^{····} \quad (54).$$
Indicatorelektrode: Platin.

Die Titration wird in gleicher Weise wie mit $Fe^{··}$ durchgeführt; es treten ebenfalls zwei Potentialsprünge in der gleichen Reihenfolge auf. Die Methode gibt noch bei sehr großen Verdünnungen genaue Resultate.

$\text{Reaktion: } AuO_2' + 3\,VO^{··} + 8\,OH' = Au + 3\,VO_3' + 4\,H_2O \quad (58).$
Indicatorelektrode: Platin.

Beim Äquivalenzpunkt, der durch einen scharfen Potentialsprung angezeigt wird, koaguliert das kolloidale Gold, und die Lösung nimmt eine leichte Rosafärbung an. Die besten Ergebnisse erzielt man bei Lösungen, die eine Alkalität von 8—30% haben und bei 50—70° titriert werden. In schwächer alkalischen Lösungen muß nach jeder Zugabe von $VOSO_4$-Lösung etwa 15 Minuten gewartet werden.

Niob. Oxydations-Reduktionsreaktionen:

$$\text{Reaktion: } Nb^{···} + 2\,Fe^{···} = Nb^{·····} + 2\,Fe^{··} \quad (59).$$
Indicatorelektrode: Platin.

Die Lösung, welche fünfwertiges Niob enthält, wird im Cadmiumreduktor zunächst reduziert und dann mit Ferrichloridlösung potentiometrisch titriert.

Gallium. Fällungs- und Komplexbildungsreaktionen:

$$\text{Reaktion: } 4\,Ga^{···} + 3\,Fe(CN)_6'''' = Ga_4[Fe(CN)_6]_3 \quad (60).$$
Indicatorelektrode: Platin.

Die Salzsäurekonzentration muß sich bei dieser Bestimmung in den Grenzen zwischen 0,05- und 0,0025-n bewegen. Bei 40—50° stellen sich die Potentiale schneller ein als bei Zimmertemperatur.

Indium. Fällungs- und Komplexbildungsreaktionen:

Reaktion: $5\,\mathrm{In}^{\cdots} + \mathrm{K}^{\cdot} + 4\,\mathrm{Fe(CN)_6}^{''''} = \mathrm{In_5K[Fe(CN)_6]_4}$ (61).

Indicatorelektrode: Platin.

Bei dieser Titration erhält man einen sehr scharfen Potentialsprung, wenn die Fällung in schwach saurer Lösung (0,05 n) in der Kälte vorgenommen wird.

Thallium. Oxydations/Reduktionsreaktionen:

Reaktion: $3\,\mathrm{Tl}^{\cdot} + \mathrm{BrO_3}' + 6\,\mathrm{H}^{\cdot} = 3\,\mathrm{Tl}^{\cdots} + \mathrm{Br}' + 3\,\mathrm{H_2O}$.

Indicatorelektrode: Platin.

Die Titration wird in der Hitze durchgeführt. Die Lösung soll 3—5% freie Salzsäure enthalten. Es tritt ein scharfer und großer Potentialsprung auf.

b) Fällungs- und Komplexbildungsreaktionen:

Reaktion: $\mathrm{Tl}^{\cdot} + \mathrm{J}' = \mathrm{TlJ}$ (62).

Indicatorelektrode: Silberjodid.

Die Bestimmung ist sehr genau. Der Potentialsprung am Äquivalenzpunkt ist nicht sehr groß, aber deutlich zu erkennen.

Cer. Oxydations/Reduktionsreaktionen:

Reaktion: $\mathrm{Ce}^{\cdots} + \mathrm{Fe(CN)_6}''' = \mathrm{Ce}^{\cdots\cdot} + \mathrm{Fe(CN)_6}''''$ (63).

Indicatorelektrode: Platin.

Die besten Ergebnisse erzielt man mit 0,05-molarer Ferricyanidlösung. Durch Zugabe einer reichlichen Menge Kaliumcarbonat wird das dreiwertige Cer komplex in Lösung gehalten. Bei der Titration geht man am besten so vor, daß etwa $^3/_4$ des Verbrauches an Ferricyanidlösung und dann eine konzentrierte Lösung von Kaliumcarbonat (etwa 50%ig) hinzugegeben werden; dann wird die Titration beendet. — Andere Ceriterden, Thorium und dreiwertiges Eisen stören nicht.

Reaktion: $\mathrm{Ce}^{\cdots\cdot} + \mathrm{Fe}^{\cdot\cdot} = \mathrm{Ce}^{\cdots} + \mathrm{Fe}^{\cdots}$.

Indicatorelektrode: Platin.

Die Lösung soll auf 50—100 ccm 3—5 ccm konz. Schwefelsäure enthalten. Auch salzsaure Lösungen lassen sich genau titrieren. Das Umschlagspotential beträgt $+0{,}85$ Volt.

Reaktion: $2\,\mathrm{Ce}^{\cdots\cdot} + \mathrm{H_2C_2O_4} = 2\,\mathrm{Ce}^{\cdots} + 2\,\mathrm{CO_2} + 2\,\mathrm{H}^{\cdot}$.

Indicatorelektrode: Platin.

Da das Cer gewöhnlich in seiner dreiwertigen Stufe vorliegt, wird es zunächst mit Persulfat in der bekannten Weise oxydiert. Der Überschuß an Persulfat wird durch Verkochen zerstört und die Lösung in der Hitze mit Oxalsäure titriert. Die Lösung soll nicht zu stark sauer sein, jedoch dürfen sich auch keine basischen Cersalze abscheiden. Nach dem Verkochen des Persulfates kann die Lösung für die Titration noch etwas stärker angesäuert werden.

II. Die Bestimmung mehrerer Kationen nebeneinander.

Die potentiometrische Bestimmung bietet schon große Vorteile, wenn
es sich um die Bestimmung nur eines Bestandteiles in Lösungen handelt,
die stark gefärbt oder trübe sind, oder für die sonst keine Indicatoren
bekannt sind. Besonders wertvoll ist jedoch, daß auch die Bestimmung
mehrerer Bestandteile nebeneinander potentiometrisch durchgeführt
werden kann. Fügt man z. B. zu einer Lösung, die Jodid und Chlorid
zugleich enthält, Silberionen hinzu, so wird sich zunächst nur Silberjodid
abscheiden, da dieses bedeutend schwerer löslich ist als das Silberchlorid.
Die Abscheidung von Silberjodid allein wird sich solange fortsetzen, bis
schließlich die Jodionenkonzentration in der Lösung so klein geworden
ist, daß das Löslichkeitsprodukt des Jodsilbers

$$[Ag^{\cdot}] \cdot [J'] = K_{AgJ}$$

nicht mehr überschritten werden kann, da die Silberionen inzwischen
auf einen Betrag angestiegen sind, der bei der größeren Chlorionenkonzentration zu einer Abscheidung von Chlorsilber führt. Ist die
Lösung 0,1 n an Chlorionen, so beginnt die Abscheidung von Chlorsilber,
wenn die Silberionenkonzentration größer ist als

$$\frac{K_{AgCl}}{[Cl']} = \frac{1,56 \cdot 10^{-10}}{10^{-1}} = 1,56 \cdot 10^{-9}.$$

Bei dieser Silberionenkonzentration wäre die Jodionenkonzentration

$$[J'] = \frac{4,2 \cdot 10^{-17}}{1,56 \cdot 10^{-9}} = 2,69 \cdot 10^{-6} \; \text{Mol/l}.$$

Bei der Titration tritt also nach Beendigung der Jodidfällung ein
Potentialsprung auf, der jedoch kleiner ist als in einer chloridfreien
Lösung. Denn die überschüssigen Silberionen werden von den Chlorionen unter Bildung von Silberchlorid abgefangen. Auch das Umschlagpotential liegt in einer solchen Lösung bei stärker negativen Werten.
In einer Lösung, die nur Jodid enthält, berechnet sich das Umschlagspotential bei der Titration mit Silberionen aus dem Löslichkeitsprodukt
des Silberjodids. Die potentialbestimmende Silberionenkonzentration
wäre danach

$$[Ag^{\cdot}] = 4,2 \cdot 10^{-17} = 6,48 \cdot 10^{-9} \; \text{Mol/l}.$$

Bei einer gleichzeitigen Chlorionenkonzentration von 0,1 n ist sie jedoch
nur etwa $1,56 \cdot 10^{-9}$, also kleiner, was auch ein negativeres Potential
bedingt. Damit verbunden ist auch ein gewisser Minderverbrauch an
Silbernitratlösung für die Jodidbestimmung. Die Fällung von Jodsilber
hört bereits auf, wenn die Jodidionenkonzentration auf den Betrag von
etwa $2,7 \cdot 10^{-8}$ Mol/l gefallen ist, während in einer chloridfreien Lösung
am Äquivalenzpunkt nur noch eine Jodionenkonzentration von

$$[J'] = 4,2 \cdot 10^{-17} = 6,48 \cdot 10^{-9} \; \text{Mol/l}$$

vorhanden ist.

Der hierbei auftretende Fehler ist im vorliegenden Falle gering. In solchen und ähnlichen Fällen ist es danach möglich, auch mehrere Stoffe nebeneinander mit der gleichen Maßlösung potentiometrisch zu titrieren, wobei natürlich gleichzeitig die Umschlagspotentiale genügend weit auseinanderliegen müssen, um einen deutlichen Zwischensprung zu erhalten. — Den Potentialverlauf einer Titration von Ag, Cu und Cd nebeneinander mit 0,1 n-Na_2S-Lösung zeigt Abb. 16.

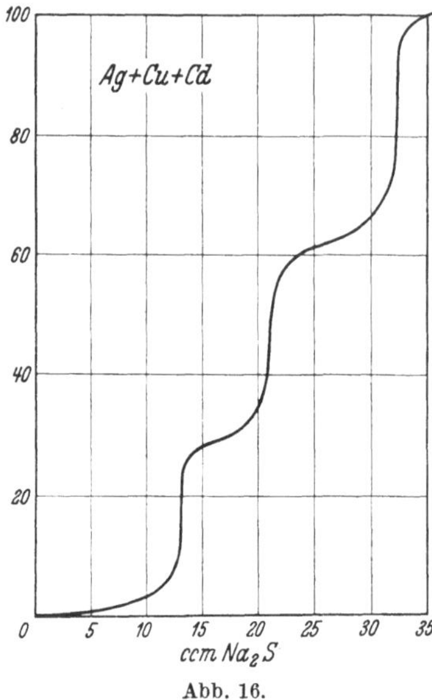

Abb. 16.

Diese Möglichkeiten sind nicht auf Fällungs- und Komplexbildungsreaktionen beschränkt. Auch mit Hilfe von Oxydations/Reduktionsreaktionen können mehrere Stoffe nebeneinander und mit der gleichen Maßlösung potentiometrisch titriert werden. Titriert man z. B. eine Lösung, die MnO_4', und $Fe^{\cdots}$ enthält, mit $Sn^{\cdot\cdot}$, so wird zunächst das Permanganat und danach das $Fe^{\cdots}$ angegriffen, so daß bei dieser Titration ebenfalls zwei Potentialsprünge auftreten. Voraussetzung dafür, daß sich zwei Stoffe nach einem Oxydations/Reduktionsverfahren nebeneinander bestimmen lassen, ist jedoch, daß die Oxydation bzw. Reduktion stufenweise erfolgt. Bei der Titration von MnO_4' und $Fe^{\cdots}$ mit $Sn^{\cdot\cdot}$ greift das $Sn^{\cdot\cdot}$ zunächst ebenfalls $Fe^{\cdots}$ an. Das intermediär entstandene zweiwertige Eisen wird jedoch von dem Permanganat sofort wieder oxydiert, so daß die eigentliche Reduktion des Eisens erst dann einsetzen kann, wenn alles MnO_4' quantitativ verschwunden ist. Anders liegen die Verhältnisse bei der Titration von MnO_4' und CrO_4'' mit $Sn^{\cdot\cdot}$. Die Normalpotentiale liegen zwar genügend weit auseinander, so daß ein Zwischensprung erkennbar wäre. Die durch Reduktion entstehenden $Cr^{\cdots}$-Ionen vermögen jedoch in saurer Lösung nicht weiter reduzierend auf MnO_4' zu wirken, so daß also CrO_4'' und MnO_4' zugleich reduziert werden. Ein Potentialsprung tritt daher erst dann auf, wenn beide Stoffe reduziert sind, und es ist daher nur möglich, in dieser Weise ihre Summe zu bestimmen.

Mit gewissen Einschränkungen gelingt es also, auch mehrere Bestandteile nebeneinander in der gleichen Lösung und mit der gleichen Maßlösung potentiometrisch zu bestimmen. Diese Methode liefert aber nur dann Werte von ausreichender Genauigkeit, wenn die Unterschiede in den Mengenverhältnissen der einzelnen Bestandteile nicht zu groß sind.

Sie versagt jedoch, wenn nur geringe Mengen des einen Bestandteiles neben einer großen Menge eines oder mehrerer anderer Bestandteile vorliegen, die mit der gleichen Maßlösung reagieren. Eine genaue Bestimmung solcher geringen Mengen ist nur dann möglich, wenn durch Komplexbildung der Hauptbestandteil gegen die Maßflüssigkeit latent gemacht oder ein spezifisches Reagens angewendet wird. Diese Tatsachen sind natürlich auch bei der potentiometrischen Maßanalyse stets zu berücksichtigen (s. S. 77).

Silber und Kupfer.

$$\text{Reaktionen: } Ag^{\cdot} + CNS' = AgCNS \ (64),$$
$$Cu^{\cdot} + CNS' = CuCNS \text{ und}$$
$$CNS' + Ag^{\cdot} = AgCNS.$$

Indicatorelektrode: Silberjodid.

Man titriert in der schwach salpetersauren Lösung zunächst das Silber mit Rhodanid. Dann wird von dem Silberrhodanidniederschlag abfiltriert und das Filter mit dem Niederschlag mit etwas verdünnter Salpetersäure ausgewaschen. Zu dem Filtrat gibt man nach dem Neutralisieren mit Natronlauge bis zum Auftreten einer schwachen Trübung, die man mit einigen Tropfen Salpetersäure wieder fortnimmt, 20 ccm 2 n-Natriumacetatlösung, einen gemessenen Überschuß einer gestellten Kaliumrhodanidlösung sowie etwa 3—5 g Traubenzucker und erhitzt zum Sieden. Nach 25—30 Minuten Kochdauer hat sich das Kupfer quantitativ als Cuprorhodanid abgeschieden. Die Lösung wird abgekühlt, mit 15 ccm 2 n-Schwefelsäure und 20 ccm 2 n-Essigsäure versetzt und potentiometrisch mit Silbernitratlösung titriert.

$$\text{Reaktionen: } 2\,Ag^{\cdot} + S'' = Ag_2S \ (21),$$
$$Cu^{\cdot\cdot} + S'' = CuS.$$

Indicatorelektrode: Silbersulfid.

Man versetzt die neutralisierten Lösungen (nicht mit Ammoniak neutralisieren) mit 20—30 ccm 2 n-Natriumacetatlösung und titriert in der Kälte mit einer Lösung von Na_2S. Der erste Sprung erfolgt nach der Fällung des Silbers, der zweite nach der Fällung des Kupfers. Um die Titration möglichst schnell durchführen und damit die Adsorption von Sulfidionen auf ein Minimum beschränken zu können, empfiehlt sich die Verwendung eines Röhrenvoltmeters.

$$\text{Reaktionen: } Cu^{\cdot\cdot} + Cr^{\cdot\cdot} = Cu^{\cdot} + Cr^{\cdot\cdot\cdot} \ (65),$$
$$Ag^{\cdot} + Cr^{\cdot\cdot} = Ag + Cr^{\cdot\cdot\cdot}.$$

Indicatorelektrode: Platin.

Die schwefelsaure Lösung wird mit Ammoniak nahezu neutralisiert, mit Ammoniumchlorid, Natriumacetat und etwas Essigsäure versetzt und mit einer Lösung von Chromosulfat titriert. Der erste Sprung erfolgt nach der Reduktion des zweiwertigen Kupfers zum einwertigen, der zweite nach der Reduktion des Silbers zum Metall.

Silber und Gold. Die Bestimmung dieser beiden Metalle ist in der Beschreibung der Titration von Silber, Kupfer und Gold mit enthalten (s. S. 66).

Silber und Blei.

$$\text{Reaktionen: } Ag^{\cdot} + Br' = AgBr.$$
Indicatorelektrode: Silber oder Silberjodid.
$$2\,Pb^{\cdot\cdot} + Fe(CN)_6'''' = Pb_2Fe(CN)_6.$$
Indicatorelektrode: Platin.

In der auf 75° erwärmten Lösung titriert man zunächst das Silber mit einer NaBr-Lösung. Dann tauscht man die Silberelektrode gegen eine Platinelektrode aus und titriert sofort anschließend das Blei mit Kaliumferrocyanid (siehe unter Einzelbestimmungen).

Silber und Cadmium.

$$\text{Reaktionen: } Ag^{\cdot} + Br' = AgBr.$$
Indicatorelektrode: Silber oder Silberjodid.
$$2\,Cd^{\cdot\cdot} + Fe(CN)_6'''' = Cd_2Fe(CN)_6.$$
Indicatorelektrode: Platin.

Diese Bestimmung wird in der gleichen Weise durchgeführt wie die von Silber und Blei. Es wird jedoch Natrium- und nicht Kaliumferrocyanid angewendet.

$$\text{Reaktionen: } 2\,Ag^{\cdot} + S'' = Ag_2S$$
$$Cd^{\cdot\cdot} + S'' = CdS.$$
Indicatorelektrode: Silbersulfid.

Die neutralisierte Lösung wird mit 20—30 ccm 2 n-Natriumacetatlösung versetzt und in der Kälte mit Na_2S-Lösung titriert. Der erste Sprung erfolgt nach der Fällung des Silbers, der zweite nach der Fällung des Cadmiums.

Silber und Zink.

$$\text{Reaktion: } Ag^{\cdot} + Br' = AgBr.$$
Indicatorelektrode: Silber oder Silberbromid.
$$3\,Zn^{\cdot\cdot} + 2\,KFe(CN)_6''' = K_2Zn_3[Fe(CN)_6]_2.$$
Indicatorelektrode: Platin.

Die Bestimmungen erfolgen in gleicher Weise wie die von Silber und Blei. Für die Zinktitration wird eine Lösung von Kaliumferrocyanid verwendet.

$$\text{Reaktionen: } 2\,Ag^{\cdot} + S'' = Ag_2S \quad (21)$$
$$Zn^{\cdot\cdot} + S'' = ZnS.$$
Indicatorelektrode: Silbersulfid.

Die Titration mit Na_2S-Lösung erfolgt in neutraler mit etwa 20 bis 30 ccm 2 n-Natriumacetatlösung versetzter Lösung. Der erste Sprung erfolgt nach der Fällung des Silbers, der zweite nach der Fällung des Zinks.

Silber, Kupfer und Zink.

$$\text{Reaktionen: } 2\,Ag^{\cdot} + S'' = Ag_2S \ (21),$$
$$Cu^{\cdot\cdot} + S'' = CuS,$$
$$Zn^{\cdot\cdot} + S'' = ZnS.$$

Indicatorelektrode: Silbersulfid.

Diese Bestimmung wird in der neutralisierten, mit etwa 20—30 ccm 2 n-Natriumacetat versetzten Lösung in der gleichen Weise mit Na_2S-Lösung durchgeführt wie die von Silber und Kupfer oder Silber und Zink. Es treten nacheinander drei Potentialsprünge auf: Der erste nach der Fällung des Silbers, der zweite nach der Fällung des Kupfers, der dritte nach der Fällung des Zinks. Es muß in der Kälte und nicht zu langsam titriert werden.

Silber, Kupfer und Cadmium (21).

$$\text{Reaktionen: } 2\,Ag^{\cdot} + S'' = Ag_2S,$$
$$Cu^{\cdot\cdot} + S'' = CuS,$$
$$Cd^{\cdot\cdot} + S'' = CdS.$$

Indicatorelektrode: Silbersulfid.

Die Bestimmung dieser drei Metalle gelingt genau so wie die analoge von Ag, Cu und Zn. Die Potentialsprünge treten in der Reihenfolge auf: Silber, Kupfer, Cadmium.

Silber, Blei und Zink.

$$\text{Reaktionen: } Ag^{\cdot} + Br' = AgBr \ (66).$$

Indicatorelektrode: Silber oder Silberjodid.

$$3\,Zn^{\cdot\cdot} + 2\,Pb^{\cdot\cdot} + 2\,KFe(CN)_6''' + Fe(CN)_6''''$$
$$= K_2Zn_3[Fe(CN)_6]_2 + Pb_2Fe(CN)_6.$$
$$\text{und } 3\,Zn^{\cdot\cdot} + 2\,KFe(CN)_6''' = K_2Zn_3[Fe(CN)_6]_2.$$

Indicatorelektrode: Platin.

Zunächst wird das Silber durch Titration mit NaBr-Lösung bestimmt. Bei der nachfolgenden Titration mit Kaliumferrocyanidlösung findet man zunächst die Summe von Zink und Blei. Zu einer zweiten Probe gibt man nun Natriumsulfat und 30% Alkohol hinzu, damit sich das Blei als Sulfat abscheidet, und titriert dann das in Lösung gebliebene Zink bei 60° mit Ferrocyankalium allein. Aus der Differenz berechnet sich dann die Bleimenge.

Silber, Blei und Cadmium. Diese Bestimmung wird ganz entsprechend der soeben beschriebenen durchgeführt. Der einzige Unterschied ist der, daß nicht mit Kalium-, sondern stets mit Natriumferrocyanid titriert werden muß (s. bei Cadmium).

Silber, Kupfer und Gold.

$$\text{Reaktion: } Au^{\cdots} + 3\,Cr^{\cdot\cdot} = Au + 3\,Cr^{\cdots} \quad (65),$$
$$Cu^{\cdot\cdot} + Cr^{\cdot\cdot} = Cu^{\cdot} + Cr^{\cdots},$$
$$Ag^{\cdot} + Cr^{\cdot\cdot} = Ag + Cr^{\cdots}.$$

Indicatorelektrode: Platin.

Die 2—5% HCl enthaltende Lösung wird unter Kohlensäure ausgekocht, mit einigen Tropfen Bromat oder Chlorwasser versetzt und dann in der Hitze mit Chromchlorür titriert. Die zwischen dem ersten und zweiten Sprung verbrauchte Maßlösung entspricht dem Gold, die zwischen dem zweiten und dritten dem Kupfer. Wird der letzte Sprung um einige Tropfen Chromchlorür überschritten, so ist etwas Silber als Metall vorhanden. Dann wird ammoniakalisch gemacht, mit etwas Natriumacetat und 20—30 g Ammonchlorid versetzt, nach einigen Minuten mit Essigsäure angesäuert und nach abermals einigen Minuten mit Chromchlorür titriert. Man erhält dabei 2 Potentialsprünge, da in den Reagenzien etwas Luftsauerstoff gelöst ist, der die geringe Menge metallischen Silbers und einen kleinen Teil des vorhandenen Cuprosalzes wieder oxydiert. Der erste Sprung zeigt die quantitative Reduktion des so gebildeten Cuprisalzes und die beginnende Fällung des Silbers, der zweite das Ende der Silberfällung an.

Kupfer und Gold.

$$\text{Reaktionen: } Au^{\cdots} + 3\,Ti^{\cdots} = Au + 3\,Ti^{\cdots\cdot} \quad (67),$$
$$Cu^{\cdot\cdot} + Ti^{\cdots} = Cu^{\cdot} + Ti^{\cdots\cdot}.$$

Indicatorelektrode: Platin.

Um sicher zu sein, daß alles Gold in seiner dreiwertigen Stufe vorliegt, versetzt man die Lösung zunächst mit etwas Chlorwasser oder besser Kaliumbromat. Bei der Titration in der Hitze (50—60°) treten dann drei Potentialsprünge auf: der erste nach der Reduktion des überschüssigen Bromates, der zweite nach der quantitativen Fällung des Goldes und der dritte nach der Reduktion des Kupfers zu $Cu^{\cdot}$.

Kupfer und Quecksilber.

$$\text{Reaktionen: } Cu^{\cdot\cdot} + Cr^{\cdot\cdot} = Cu^{\cdot} + Cr^{\cdots},$$
$$Hg^{\cdot\cdot} + 2\,Cr^{\cdot\cdot} = Hg + 2\,Cr^{\cdots}.$$

Indicatorelektrode: Platin.

Der erste Sprung tritt nach der Reduktion des Kupfers zu $Cu^{\cdot}$, der zweite nach der quantitativen Abscheidung des metallischen Quecksilbers auf. Für einen guten Sprung zwischen Kupfer und Quecksilber ist wesentlich, daß die Lösung außer 5% freier Salzsäure mindestens 1,5% Natriumchlorid enthält.

Kupfer und Zink. Reaktionen: $\mathrm{Cu}^{\cdot\cdot} + \mathrm{S}'' = \mathrm{CuS}$ (21),
$$\mathrm{Zn}^{\cdot\cdot} + \mathrm{S}'' = \mathrm{ZnS}.$$
Indicatorelektrode: Silbersulfid.

Da Silber, Kupfer und Zink nebeneinander mit $\mathrm{Na_2S}$-Lösung bestimmt werden können, gelingt natürlich auch die von Kupfer und Zink. Erster Sprung nach der Fällung des Kupfers, zweiter Sprung nach der Fällung des Zinks.

Kupfer und Cadmium. Reaktionen: $\mathrm{Cu}^{\cdot\cdot} + \mathrm{S}'' = \mathrm{CuS}$ (21),
$$\mathrm{Cd}^{\cdot\cdot} + \mathrm{S}'' = \mathrm{CdS}.$$
Indicatorelektrode: Silbersulfid.

Es wird mit $\mathrm{Na_2S}$ in der gleichen Lösung titriert wie bei der Bestimmung von Silber, Kupfer und Cadmium. Erster Sprung nach der Fällung des Kupfers, zweiter Sprung nach der Fällung des Cadmiums.

Kupfer und Zinn. Reaktionen: $\mathrm{Cu}^{\cdot\cdot} + \mathrm{Cr}^{\cdot\cdot} = \mathrm{Cu}^{\cdot} + \mathrm{Cr}^{\cdot\cdot\cdot}$ (35),
$$\mathrm{Sn}^{\cdot\cdot\cdot\cdot} + 2\,\mathrm{Cr}^{\cdot\cdot} = \mathrm{Sn}^{\cdot\cdot} + 2\,\mathrm{Cr}^{\cdot\cdot\cdot}.$$
Indicatorelektrode: Platin.

Der erste Sprung erfolgt bei dieser Titration nach der Reduktion des Kupfers zu $\mathrm{Cu}^{\cdot}$, der zweite nach der Reduktion des Zinns zu $\mathrm{Sn}^{\cdot\cdot}$.

Kupfer und Eisen. Reaktionen: $\mathrm{Fe}^{\cdot\cdot\cdot} + \mathrm{Ti}^{\cdot\cdot\cdot} = \mathrm{Fe}^{\cdot\cdot} + \mathrm{Ti}^{\cdot\cdot\cdot\cdot}$ (68),
$$\mathrm{Cu}^{\cdot\cdot} + \mathrm{Ti}^{\cdot\cdot\cdot} = \mathrm{Cu}^{\cdot} + \mathrm{Ti}^{\cdot\cdot\cdot\cdot}.$$
Indicatorelektrode: Platin.

Man titriert bei gewöhnlicher Temperatur in salzsaurer Lösung und erhält einen ersten nur kleinen Potentialsprung nach der Reduktion des Eisens. Dann fügt man 1 g KCNS hinzu und titriert bis zum zweiten, sehr deutlichen Potentialsprung das Kupfer. Ist nur sehr wenig Eisen vorhanden, so ist der erste Sprung nur sehr schwer festzustellen.

Kupfer und Titan. Reaktionen: $\mathrm{Cu}^{\cdot\cdot} + \mathrm{Cr}^{\cdot\cdot\cdot} = \mathrm{Cu}^{\cdot} + \mathrm{Cr}^{\cdot\cdot\cdot}$ (46),
$$\mathrm{Ti}^{\cdot\cdot\cdot\cdot} + \mathrm{Cr}^{\cdot\cdot} = \mathrm{Ti}^{\cdot\cdot\cdot} + \mathrm{Cr}^{\cdot\cdot\cdot}.$$
Indicatorelektrode: Platin.

Bei der Titration einer Lösung von Kupfer- und Titanisalzen mit Chromosulfat treten insgesamt drei Potentialsprünge auf; der erste nach der Reduktion des Kupfers zu $\mathrm{Cu}^{\cdot}$, der zweite nach der Reduktion des Titans zu $\mathrm{Ti}^{\cdot\cdot\cdot}$ und schließlich der dritte nach der weiteren Reduktion der Cuproionen zu metallischem Kupfer.

Kupfer, Antimon und Zinn.
Reaktionen: $\mathrm{Sb}^{\cdot\cdot\cdot\cdot\cdot} + 2\,\mathrm{Cr}^{\cdot\cdot} = \mathrm{Sb}^{\cdot\cdot\cdot} + 2\,\mathrm{Cr}^{\cdot\cdot\cdot}$ (35),
$$\mathrm{Cu}^{\cdot\cdot} + \mathrm{Cr}^{\cdot\cdot} = \mathrm{Cu}^{\cdot} + \mathrm{Cr}^{\cdot\cdot\cdot},$$
$$\mathrm{Sn}^{\cdot\cdot\cdot\cdot} + 2\,\mathrm{Cr}^{\cdot\cdot} = \mathrm{Sn}^{\cdot\cdot} + 2\,\mathrm{Cr}^{\cdot\cdot\cdot}.$$
Indicatorelektrode: Platin.

Bei der Titration mit Chromosulfat wird zunächst das fünfwertige Antimon zu $Sb^{...}$, darauf das zweiwertige Kupfer zu $Cu^{.}$, danach das vierwertige Zinn zu $Sn^{..}$ reduziert. Titriert man darüber hinaus weiter, so tritt noch ein vierter Potentialsprung nach der quantitativen Reduktion des dreiwertigen zu metallischem Antimon auf.

Kupfer, Zinn und Wismut.

$$Reaktionen: Cu^{..} + Cr^{..} = Cu^{.} + Cr^{...} \quad (35),$$
$$Sn^{.....} + 2\,Cr^{..} = Sn^{..} + 2\,Cr^{...},$$
$$Bi^{...} + 3\,Cr^{..} = Bi + 3\,Cr^{...}.$$

Indicatorelektrode: Platin.

Bei der Titration mit Chromosulfat treten 3 Potentialsprünge auf, die in ihrer Reihenfolge den oben angegebenen Reaktionen entsprechen.

Quecksilber und Gold. Reaktionen: $Au^{...} + 3\,Cr^{..} = Au + 3\,Cr^{...}$,
$$Hg^{..} + 2\,Cr^{..} = Hg + 2\,Cr^{...}.$$

Indicatorelektrode: Platin.

Nach der Voroxydation mit Bromat (s. S. 66) erhält man bei der Titration mit Chromosulfat drei Potentialsprünge: einen ersten nach der Reduktion des überschüssigen Bromates, einen zweiten nach der quantitativen Abscheidung von metallischem Gold und den dritten nach der Reduktion des Quecksilbers zum Metall.

Quecksilber und Wismut.

$$Reaktionen: Hg^{..} + 2\,Ti^{...} = Hg + 2\,Ti^{....} \quad (32),$$
$$Bi^{...} + 3\,Ti^{...} = Bi + 3\,Ti^{....}.$$

Indicatorelektrode: Platin.

Der erste Sprung findet nach der Reduktion des Quecksilbers, der zweite nach der Reduktion des Wismuts statt (vgl. die Bestimmung von Bi mit $TiCl_3$, S. 46).

Quecksilber und Eisen.

$$Reaktionen: Fe^{...} + Cr^{..} = Fe^{..} + Cr^{...} \quad (69),$$
$$Hg^{..} + 2\,Cr^{..} = Hg + 2\,Cr^{...}.$$

Indicatorelektrode: Platin.

Eine Lösung, die Ferri- und Mercuriionen enthält, kann mit Chromchlorür potentiometrisch titriert werden. Zunächst wird das Eisen, danach das Quecksilber nach obigen Gleichungen reduziert.

Blei und Zink. Die Titration dieser beiden Metalle ist bei der Bestimmung von Silber, Blei und Zink bereits beschrieben (s. S. 65).

Blei und Cadmium. Die potentiometrische Bestimmung von Blei und Cadmium ist bereits an anderer Stelle beschrieben worden (s. S. 65).

Antimon und Zinn.

$$\text{Reaktionen: } 2\,Sn^{..} + Sb^{...} + BrO_3{}' + 6\,H^{.} = 2\,Sn^{....} + Sb^{.....}$$
$$+ 3\,H_2O + Br',$$
$$2\,Sn^{..} + 4\,Hg^{..} + 4\,Cl' = 2\,Sn^{....} + 2\,Hg_2Cl_2,$$
$$3\,Sb^{...} + BrO_3{}' + 6\,H^{.} = Sb^{.....} + 3\,H_2O + Br'.$$

Indicatorelektrode: Platin.

Liegen zweiwertiges Zinn und dreiwertiges Antimon in Lösung vor, so bestimmt man in einem Teil zunächst die Summe von Antimon und Zinn durch Titration mit Bromat. In einem zweiten Teil oxydiert man das Zinn in salzsaurer Lösung mit Mercurichlorid, wobei sich Kalomel abscheidet und das dreiwertige Antimon nicht angegriffen wird. Titriert man jetzt diese Lösung, so findet man nur das Antimon, da das schwerlösliche Mercurochlorid nicht angegriffen wird, wenn man nicht zu langsam titriert. Für Bromat kann auch Bichromat verwendet werden.

$$\text{Reaktionen: } Sb^{.....} + 2\,Cr^{..} = Sb^{...} + 2\,Cr^{...} \quad (35),$$
$$Sn^{....} + 2\,Cr^{..} = Sn^{..} + 2\,Cr^{...}.$$

Indicatorelektrode: Platin.

Liegen Antimon und Zinn in ihren höchsten Wertigkeitsstufen vor, so ist ihre potentiometrische Bestimmung mit Chromchlorür möglich. Der erste Sprung erfolgt nach der Reduktion des fünfwertigen Antimons zu $Sb^{...}$, der zweite nach der Reduktion des Zinns zu $Sn^{..}$. Titriert man weiter, so erfolgt noch ein dritter Potentialsprung nach der Reduktion des dreiwertigen zu metallischem Antimon.

Zinn und Wismut. Reaktionen: $Sn^{....} + 2\,Cr^{..} = Sn^{..} + 2\,Cr^{...}$ (35)
$$Bi^{...} + 3\,Cr^{..} = Bi + 3\,Cr^{...}.$$

Indicatorelektrode: Platin.

Bei der Titration mit Chromosalzlösungen treten zwei Sprünge auf: der erste nach der Reduktion des Zinns zu $Sn^{..}$, der zweite nach der quantitativen Ausscheidung des Wismuts als Metall.

Zinn und Eisen. Reaktionen: $Fe^{...} + Cr^{..} = Fe^{..} + Cr^{...}$ (35),
$$Sn^{....} + 2\,Cr^{..} = Sn^{..} + 2\,Cr^{...}.$$

Indicatorelektrode: Platin.

Der erste Sprung tritt nach der Reduktion des Eisens und der zweite nach der des Zinns auf.

Zinn, Wismut und Eisen. Die Bestimmung dieser drei Metalle nebeneinander mit Chromochlorid ergibt sich aus den beiden vorhergehenden. Der erste Sprung erfolgt nach der Reduktion des Eisens, der zweite nach der des Zinns zu $Sn^{..}$ und der dritte nach der quantitativen Abscheidung von metallischem Wismut.

Antimon und Eisen.

$$\text{Reaktionen: } Fe^{\cdots} + Ti^{\cdots} = Fe^{\cdots} + Ti^{\cdots\cdot} \quad (68),$$
$$Sb^{\cdots\cdot\cdot} + 2\,Ti^{\cdots} = Sb^{\cdots} + 2\,Ti^{\cdots\cdot},$$

Indicatorelektrode: Platin.

Man titriert die Lösung mit Titanochlorid zunächst bei 18°, wobei nur das Eisen angegriffen wird. Dann erwärmt man die Lösung auf 90° — selbstverständlich unter Luftabschluß — und titriert nun das Antimon, welches zu $Sb^{\cdots}$ reduziert wird.

Wismut und Eisen. Reaktionen: $Fe^{\cdots} + Ti^{\cdots} = Fe^{\cdots} + Ti^{\cdots\cdot}$ (70),
$$Bi^{\cdots} + 3\,Ti^{\cdots} = Bi + 3\,Ti^{\cdots\cdot}.$$

Indicatorelektrode: Platin.

Wismut und Eisen lassen sich nebeneinander mit Titanochlorid titrieren. Zunächst wird das Eisen zu $Fe^{\cdots}$, danach das Wismut zu Metall reduziert. Am Ende jeder Reaktion tritt ein Potentialsprung auf.

Antimon und Arsen. Liegen Antimon und Arsen in ihrer dreiwertigen Stufe vor, so können sie mit Bromat in saurer Lösung titriert werden (s. S. 50). Man erhält dabei jedoch nur die Summe. Fünfwertiges Antimon läßt sich jedoch von $TiCl_3$ in heißer, saurer Lösung zu $Sb^{\cdots}$ reduzieren, während das fünfwertige Arsen nur äußerst langsam davon angegriffen wird. Eine Bestimmungsmethode der beiden Metalle, die sich hierauf gründet, ist an anderer Stelle wiedergegeben (s. S. 88).

Eisen und Mangan.

$$\text{Reaktionen: } MnO_4' + 5\,Ti^{\cdots} + 8\,H^{\cdot} = Mn^{\cdots} + 5\,Ti^{\cdots\cdot} + 4\,H_2O,$$
$$Fe^{\cdots} + Ti^{\cdots} = Fe^{\cdots} + Ti^{\cdots\cdot}.$$

Indicatorelektrode: Platin.

Liegen nur geringe Mengen Mangan vor, so führt man dieses zweckmäßig nach dem Silbersulfat-Persulfatverfahren in saurer Lösung (Schwefelsäure) in das Permanganat über, verkocht den Überschuß an Persulfat und titriert die heiße Lösung dann mit $TiCl_3$-Lösung (s. S. 52). Der erste Sprung tritt nach der Reduktion des Permanagantes zu $Mn^{\cdots}$, der zweite nach der Reduktion des Eisens zu $Fe^{\cdots}$ auf.

Bei größeren Mengen Mangan teilt man die Probe und bestimmt in dem einen Teil das Mangan entsprechend der Vorschrift nach Volhard-Wolff (s. S. 56), in dem anderen das Eisen mit $TiCl_3$.

Eisen und Titan.

$$\text{Reaktionen: } 5\,Ti^{\cdots} + MnO_4' + 8\,H^{\cdot} = 5\,Ti^{\cdots\cdot} + Mn^{\cdots} + 4\,H_2O \quad (71),$$
$$5\,Fe^{\cdots} + MnO_4' + 8\,H^{\cdot} = 5\,Fe^{\cdots} + Mn^{\cdots} + 4\,H_2O.$$

Indicatorelektrode: Platin.

Bei der Bestimmung von Eisen und Titan nebeneinander geht man zweckmäßig so vor, daß man die beiden Metalle im Cadmiumreduktor zunächst reduziert und dann mit Permanganat titriert. Der erste Sprung tritt nach der Oxydation des Titans, der zweite nach der des Eisens auf. An Stelle von Permanganat kann auch Bromatlösung verwendet werden. Die Lösung kann außer schwefelsauer auch salzsauer sein, sie darf jedoch keine Salpetersäure enthalten.

Eisen und Vanadin.

Reaktionen: $VO_4''' + Ti''' + 6\,H^{\cdot} = VO^{\cdot\cdot} + Ti^{\cdot\cdot\cdot\cdot} + 3\,H_2O$,
$Fe^{\cdot\cdot\cdot} + Ti''' = Fe^{\cdot\cdot} + Ti^{\cdot\cdot\cdot\cdot}$,
$VO^{\cdot\cdot} + Ti''' + 2\,H^{\cdot} = V^{\cdot\cdot\cdot} + Ti^{\cdot\cdot\cdot\cdot} + H_2O$.

Indicatorelektrode: Platin.

Bei der Titration von Vanadin und Eisen nebeneinander treten insgesamt 3 Potentialsprünge auf: der erste nach der Reduktion des fünfwertigen Vanadins zum vierwertigen, der zweite nach der Reduktion des Eisens zu $Fe^{\cdot\cdot}$ und schließlich noch ein dritter nach der Überführung des vierwertigen in das dreiwertige Vanadin. Man titriert zweckmäßig bei einer Temperatur von 50—60°. Da die Größe der Potentialsprünge beim Vanadin von der Säurekonzentration abhängt, wähle man diese nicht zu klein.

Ein anderes Verfahren ist bei der Bestimmung dieser Metalle im Ferrovanadin angegeben (s. S. 112).

Eisen und Uran.

Reaktionen: $5\,U^{\cdot\cdot\cdot\cdot} + 2\,MnO_4' + 2\,H_2O = 5\,UO_2^{\cdot\cdot} + 2\,Mn^{\cdot\cdot} + 4\,H^{\cdot}$ (72),
$5\,Fe^{\cdot\cdot} + MnO_4' + 8\,H^{\cdot} = 5\,Fe^{\cdot\cdot\cdot} + Mn^{\cdot\cdot} + 4\,H_2O$.
Indicatorelektrode: Platin.

Eisen und Uran werden zunächst im Reduktor mit eisenfreiem Zink reduziert. Dann titriert man das vierwertige Uran bei 80°, anschließend das Eisen bei 18° C. Sollte im Reduktor das Uran teilweise bis zu seiner dreiwertigen Stufe reduziert sein, so macht sich dies durch einen weiteren, vor dem ersten gelegenen Sprung kenntlich, entsprechend dem Vorgang $U^{\cdot\cdot\cdot} \rightarrow U^{\cdot\cdot\cdot\cdot}$.

Eisen und Molybdän.

Reaktionen: $Fe^{\cdot\cdot\cdot} + Cr^{\cdot\cdot} = Fe^{\cdot\cdot} + Cr^{\cdot\cdot\cdot}$ (73),
$Mo^{\cdot\cdot\cdot\cdot\cdot\cdot} + Cr^{\cdot\cdot} = Mo^{\cdot\cdot\cdot\cdot\cdot} + Cr^{\cdot\cdot\cdot}$
und $Mo^{\cdot\cdot\cdot\cdot\cdot} + 2\,Cr^{\cdot\cdot} = Mo^{\cdot\cdot\cdot} + 2\,Cr^{\cdot\cdot\cdot}$.
Indicatorelektrode: Platin.

Man versetzt die Lösung der beiden Metalle mit 30 g krist. Calciumchlorid und 25 ccm konz. Salzsäure, füllt mit Wasser auf 100 ccm auf und erhitzt sie zum Sieden. Um den Luftsauerstoff zu verdrängen, leitet man 5 Minuten lang einen Strom von CO_2 hindurch und titriert anschließend die Lösung mit einer 0,1 n-Chromochloridlösung. Der erste

Sprung erfolgt, wenn das Eisen zu Fe$^{..}$ und das Molybdän bis zu seiner fünfwertigen Stufe reduziert sind, der zweite nach der weiteren Reduktion des Molybdäns zu Mo$^{...}$. Die Hälfte des hierfür ermittelten Verbrauches zieht man vom Verbrauch bis zum ersten Sprung ab und berechnet aus der Differenz den Gehalt an Eisen.

Eisen und Chrom.

Reaktionen: $CrO_4'' + 3\ Ti^{...} + 8\ H^{.} = Cr^{...} + 3\ Ti^{....} + 4\ H_2O$ (68),
$$Fe^{...} + Ti^{...} = Fe^{..} + Ti^{....}.$$
Indicatorelektrode: Platin.

Die Lösung wird zunächst nach dem Silbersulfat-Persulfatverfahren (s. S. 108) oxydiert, so daß das Chrom als Chromat vorliegt. Bei der Titration mit $TiCl_3$ erfolgt der erste Sprung nach der Reduktion des Chromates, der zweite nach der Reduktion des Eisens. Bis zum ersten Sprung titrierte man bei Zimmertemperatur, dann weiter bei etwa 60°.

Eisen, Vanadin und Uran (72). Die Metalle werden im Zinkreduktor zunächst reduziert. Die Lösung, die etwa 8 ccm konz. Schwefelsäure auf 250 ccm enthalten soll, wird dann bei 80° mit Permanganat titriert. Ist dreiwertiges Uran zugegen gewesen, so tritt ein erster Sprung auf, bis zu welchem der Verbrauch an Permanganat nicht berücksichtigt wird. Der erste wesentliche Sprung tritt nach der Oxydation des vierwertigen Urans zu $UO_2^{..}$ und des dreiwertigen Vanadins zu $VO^{..}$ zusammen auf. Dann folgt ein weiterer Sprung nach der Oxydation des Eisens und schließlich ein letzter, wenn alles Vanadin in VO_4''' übergeführt ist. Zwischen dem letzten und vorletzten Sprung titriert man bei 18°. Da der Verbrauch an Permanganat für die Vorgänge $V^3/V^4 + U^4/U^6$, Fe^2/Fe^3 und V^4/V^5 festgestellt werden kann, so läßt sich außer dem Gehalt an Eisen und Vanadin auch der an Uran berechnen. Als Indicatorelektrode dient Platin.

Eisen, Titan und Uran (74). Ähnlich kann die Bestimmung von Eisen, Titan und Uran durchgeführt werden. Nach der Reduktion im Cadmiumreduktor ergeben sich bei der Titration mit Permanganat drei Potentialsprünge: der erste nach der Oxydation des Titans, der zweite nach der des vierwertigen zum sechswertigen Uran und der dritte nach der Oxydation des Eisens. Ist bei der Reduktion auch etwas dreiwertiges Uran entstanden, so wird dieses allerdings mit als Titan gefunden. Indicatorelektrode: Platin.

Eisen, Chrom und Vanadin (71). Eisen und Chrom sowie Eisen und Vanadin können nebeneinander potentiometrisch mit $TiCl_3$ bestimmt werden. Dasselbe gilt für die Bestimmung von Vanadin und Chrom, wenn das Chrom als Chromat vorliegt. Hierbei tritt ein erster Sprung auf, wenn das Chromat zu $Cr^{...}$ und das VO_4''' zu $VO^{..}$ reduziert sind.

Da jedoch ein weiterer Potentialsprung nach der Reduktion von $VO^{..}$ zu $V^{...}$ auftritt, gelingt es auch Chrom und Vanadin nebeneinander mit $TiCl_3$ zu titrieren. Damit ist ferner die Möglichkeit gegeben, Eisen, Chrom und Vanadin nebeneinander zu bestimmen. Man führt zunächst das Chrom wieder nach dem Silbersulfat-Persulfatverfahren in das Chromat über und titriert die Lösung nach dem Verkochen des überschüssigen Persulfates bei 50—60° mit einer $TiCl_3$-Lösung. Es treten drei Potentialsprünge auf: der erste nach der Reduktion des Chromates und des fünfwertigen zum vierwertigen Vanadin, der zweite nach der Reduktion des Eisens und der dritte nach der Reduktion des vierwertigen zum dreiwertigen Vanadin. Damit ist die Bestimmung aller drei Metalle nebeneinander möglich.

Mangan, Chrom und Vanadin. Die potentiometrische Bestimmung dieser Metalle nebeneinander ist an anderer Stelle ausführlich beschrieben (s. S. 108).

Chrom und Molybdän.
Reaktionen: $2\,CrO_4'' + 3\,Sn^{..} + 16\,H^{.} = 2\,Cr^{...} + 3\,Sn^{....} + 8\,H_2O$ (38)
$$2\,Mo^{...} + Sn^{..} = 2\,Mo^{..} + Sn^{....}.$$
Indicatorelektrode: Platin.

Die Lösung wird bei 20—35° titriert und soll etwa 50 Vol.% konz. Salzsäure enthalten. Zur besseren Potentialeinstellung setzt man der Lösung vor der Titration des Molybdäns etwa 0,05 g Mohrsches Salz hinzu.

Chrom, Vanadin und Molybdän. Die potentiometrische Bestimmung dieser Metalle ist an anderer Stelle wiedergegeben (s. S. 110).

Nickel und Zink. Reaktionen: $Ni^{..} + 4\,CN' = Ni(CN)_4''$ (50).
$$Zn^{..} + S'' = ZnS.$$
Indicatorelektrode: Silbersulfid.

Die Lösung, die Nickel und Zink enthält, wird mit einem Überschuß an Ammoniumcarbonat versetzt. Dann titriert man zunächst das Nickel mit einer gestellten KCN-Lösung bis zum Potentialsprung. Es ist unbedenklich, auch mit einer 0,1 n-KCN-Lösung einige Tropfen über den Äquivalenzpunkt hinaus zu titrieren. Anschließend wird in der gleichen Lösung das Zink mit einer 0,1 n-Na_2S-Lösung bis zum Auftreten des zweiten Potentialsprunges titriert.

Liegt in der Lösung viel Zink neben wenig Nickel vor, so verfährt man zweckmäßiger so, daß man die Lösung teilt, in dem einen Teil zunächst das Nickel und in dem anderen dann das Zink bestimmt. Für die Nickelbestimmung versetzt man die Lösung mit einem reichlichen Überschuß an Ammoniak, wodurch die Zinkionenkonzentration infolge

Komplexbildung stark vermindert wird, und titriert dann mit einer Kaliumcyanidlösung bis zum Potentialsprung.

Zu dem zweiten Teil der Lösung gibt man nun für die Zinkbestimmung zunächst die soeben ermittelte Menge Kaliumcyanidlösung hinzu, um das Nickel komplex als $Ni(CN)_4''$ zu binden. Dann titriert man mit einer 0,1 n-Na_2S-Lösung bis zum Potentialsprung.

Um bei größeren Mengen an Nickel eine Abscheidung von $Ni(CN)_2$, das sich dann nur langsam mit KCN umsetzt, zu verhindern, gibt man zu der Lösung etwas Natriumtartrat hinzu.

Nickel und Cadmium. Reaktionen: $Ni^{..} + 4\ CN' = Ni(CN)_4''$ (50),
$$Cd^{..} + S'' = CdS.$$
Indicatorelektrode: Silbersulfid.

Die Bestimmung ist in der gleichen Weise möglich wie die von Nickel und Zink.

Kobalt und Zink.
Reaktionen: $Co^{..} + 5\ CN' + H_2O = [Co(H_2O)(CN)_5]'''$ (50),
$$Zn^{..} + S'' = ZnS.$$
Indicatorelektrode: Silbersulfid.

Da die cyanometrische Bestimmung des Kobalts im Gegensatz zu der des Nickels in Gegenwart von Ammoniak nicht möglich ist, aber auch in Gegenwart von Zinkionen nicht unmittelbar durchgeführt werden kann, muß das Kobalt in einem Teil der zu untersuchenden Lösuug zunächst mittelbar titriert werden. Man versetzt die Lösung mit einem gemessenen Überschuß einer gestellten KCN-Lösung und titriert den Überschuß dann mit $AgNO_3$-Lösung zurück. Man erhält bei der Rücktitration einen sehr deutlichen Potentialsprung, wenn die freien und die an Zink gebundenen Cyanionen als AgCN aus der Lösung entfernt sind. Ein Kobalt macht fünf Cyan dieser Reaktion gegenüber latent. — Ein sehr flacher Potentialsprung tritt vorher noch auf, da 1 Mol Zink 2 Mole Cyan gegen die Reaktion

$$Ag^{.} + 2\ CN' = Ag(CN)_2'$$

latent macht. Dieser Potentialsprung ist jedoch sehr flach und nur sehr schwer zu erkennen, so daß man die Zinkbestimmung besser mit Na_2S-Lösung durchführt.

Zu diesem Zwecke versetzt man den zweiten Teil der zu untersuchenden Lösung mit der ermittelten Menge an KCN-Lösung, wodurch das Co komplex gebunden wird, und titriert dann mit 0,1 n-Na_2S-Lösung bis zum Potentialsprung.

Kobalt und Cadmium. Die Bestimmung von Kobalt und Cadmium wird ganz analog der von Kobalt und Zink durchgeführt. Das Kobalt wird indirekt mit KCN- und $AgNO_3$-Lösung, das Cadmium mit Na_2S-Lösung unmittelbar titriert.

Kobalt und Nickel.

Reaktionen: $Ni^{..} + 4 = CN' = Ni(CN)_4''$ (50),
$$2\,[Co(CN)_6]''' + 3\,Cu^{..} = Cu_3[Co(CN)_6]_2\,.$$
Indicatorelektrode: Silbersulfid.

In einer Lösung von Nickel und Kobalt erhält man bei der Titration mit KCN-Lösung die Summe genau, wenn die Lösung kein Ammoniak und keine Ammonsalze enthält. Sind Zink oder Cadmium gleichzeitig vorhanden, so kann die Summe von Nickel und Kobalt indirekt mit KCN- und $AgNO_3$-Lösung titriert werden (siehe unter Kobalt und Zink). Eine Bestimmung der beiden Metalle nebeneinander ist in der Weise möglich, daß man durch einen Überschuß an Kaliumcyanid die Komplexsalze herstellt und durch Zugabe von Brom in stark alkalischer Lösung Nickelhydroxyd ausfällt, während der Kobaltocyankomplex in den Kobalticyankomplex übergeführt wird, der in Lösung bleibt. Das Nickelhydroxyd wird abfiltriert, in konz. Salzsäure gelöst und das Nickel in der mit einem Überschuß an Ammoniak versetzten Lösung mit Kaliumcyanid potentiometrisch titriert. Im Filtrat vom Nickelhydroxyd kann der Kobalticyankomplex potentiometrisch mit einer 0,1 n-Kupfersulfat-Lösung und unter Verwendung der Silbersulfidelektrode titriert werden, wenn die alkalische Lösung zuvor mit Salzsäure und Methylrot als Indicator ganz schwach angesäuert worden ist.

Die Gegenwart von Zinkionen stört nicht. Jedoch ist es nicht möglich, in der gleichen Lösung auch das Zink genau zu bestimmen.

Aluminium und Magnesium.

Reaktionen: $Al^{...} + 6\,F' = AlF_6'''$ (43),
$$Mg^{..} + 3\,F' = MgF_3'\,.$$
Indicatorelektrode: Platin.

Die Bestimmung der beiden Metalle wird in der gleichen Weise wie die der Metalle allein mit Fluorid durchgeführt, so daß hier nur darauf verwiesen sei. Der erste Potentialsprung tritt nach der Komplexbildung des Aluminiums, der zweite nach der des Magnesiums auf. Obgleich die Methode etwas langwierig ist, kann sie doch empfohlen werden, da man noch in 0,01 n-Lösungen sehr genaue Werte erhält.

III. Zur Systematik eines potentiometrischen Analysenganges der Metalle.

a) Allgemeine Gesichtspunkte.

In der Einleitung wurde bereits darauf hingewiesen, daß ein Ziel der potentiometrischen Analyse darin besteht, die Bestimmung eines oder mehrerer Bestandteile nebeneinander, unmittelbar und auch in Gegenwart endgültig aller Begleitstoffe ohne jede Trennung auszuführen. Von diesem Ziele sind wir noch weit entfernt. Dennoch ist die potentiometrische Analyse heute auf einer Entwicklungsstufe angelangt, die es berechtigt erscheinen läßt, die Möglichkeiten einer Weiterentwicklung auf diesem Gebiete zu erörtern und das bisher vorliegende Material für die Praxis der analytischen Chemie in größerem Umfange verwertbar zu machen. Hierbei dürfte es zweckmäßig sein, zunächst eine Beschränkung auf die Metalle: Hg, Ag, Bi, Pb, Cu, Cd, As, Sb, Sn, Fe, Cr, U, Al, Ti, Mn, Ni, Co, Zn vorzunehmen, zu denen schließlich als nächste Gruppe noch die Erdkalien, Ba, Sr, Ca, das Magnesium und die Alkalimetalle Na und K hinzukommen müßten. Der Grund hierfür ist einmal der, daß die potentiometrische Bestimmung dieser Metalle bisher am eingehendsten bearbeitet worden ist, und ferner der, daß es wegen der damit gewonnenen Vereinfachung leichter sein dürfte, für die genannten Metalle Möglichkeiten ihrer potentiometrischen Bestimmung nebeneinander zu finden, was von großem allgemeinem Interesse wäre.

Die Bestimmung aller dieser Metalle wird wohl niemals in der gleichen Lösung vorgenommen werden. Denn abgesehen davon, daß bei der Bestimmung jedes einzelnen Metalles mit den Agenzien neue Bestandteile in die Lösung gelangen, die bei der Bestimmung eines der anderen Metalle stören können, nimmt auch das Volumen der Lösung dauernd zu, so daß eine weitere Verwendung nicht nur aus praktischen Gesichtspunkten, sondern auch darum unzweckmäßig ist, als naturgemäß die Potentialsprünge mit zunehmender Verdünnung der Lösung immer flacher, die Bestimmungen damit auch ungenauer werden. Man wird daher zweckmäßig für je eine Gruppe von Metallen einen besonderen Ansatz machen oder die ursprüngliche Lösung teilen. Dies folgt ja auch zwangsläufig daraus, daß die einzelnen Metalle in ganz verschiedenen Mengen vorliegen können.

Innerhalb jeder Gruppe müßte jedes Metall unmittelbar in seiner gerade vorliegenden Wertigkeitsstufe titriert werden können, zumeist also Ag`, Hg``, Bi```, Pb``, Cu``, Cd``, Fe``` usw.

Welche Möglichkeiten bisher in dieser Beziehung bei der Anwendung von Oxydations-, Reduktions-, Fällungs- und Komplexbildungsmethoden vorhanden sind, soll in kurzen Zügen in den nächsten Abschnitten erörtert werden.

b) Oxydations/Reduktionsreaktionen.

Ein Vorteil, den die Anwendung von Oxydations/Reduktionsreaktionen bietet, ist zunächst, daß damit zugleich eine Beschränkung auf eine bestimmte Gruppe von Metallen verbunden ist, nämlich

auf die, welche überhaupt in mehreren Wertigkeitsstufen vorliegen
können, oder deren Ionen sich relativ leicht zum Metall reduzieren
lassen. Es sind dies von den hier betrachteten Metallen: Ag, Hg, Bi,
Cu, As, Sb, Sn, Fe, Cr, U, Ti, Mn und vielleicht Co. Ein weiterer Vorteil
ist, daß die übrigen Metalle, also: Pb, Cd, Al, Ni, Zn, Ba, Sr, Ca, Mg,
Na und K nicht stören.

Die Voraussetzung dafür, daß sich mehrere Metalle nebeneinander
gesetzmäßig mit Hilfe von Oxydations/Reduktionsreaktionen potentiometrisch titrieren lassen, ist natürlich, daß die Normalpotentiale
genügend weit auseinander liegen. Hinzu kommt, daß die Oxydation
oder Reduktion stufenweise erfolgt, derart, daß der zweite Bestandteil
erst dann angegriffen wird, wenn der erste bereits quantitativ erfaßt
ist. Dies kann leicht erreicht werden, wenn die zu bestimmenden Bestandteile selbst unter Ladungsaustausch miteinander reagieren, wie
z. B. bei der Titration einer Lösung von MnO_4' und $Fe^{\cdots}$ mit $Sn^{\cdot\cdot}$. Ist
dies nicht der Fall, wie z. B. bei der Titration von MnO_4' und CrO_4''
mit $Sn^{\cdot\cdot}$, wo die gleichzeitig mit der Reduktion des MnO_4' entstehenden
$Cr^{\cdots}$ nicht weiter auf das MnO_4' reduzierend wirken, so muß man als
Maßflüssigkeit schwächere Oxydations- bzw. Reduktionsmittel wählen,
die auf Grund ihrer Normalpotentiale nur den einen der vorhandenen
Bestandteile angreifen, oder — mit viel allgemeinerer Anwendungsmöglichkeit — solche Stoffe, die aus reaktionskinetischen Gründen die Bestimmung eines bestimmten Bestandteiles neben anderen erlauben. Sie
müssen zwangsläufig angewendet werden, wenn nur geringe Mengen
des einen Bestandteiles, der bei der Titration an zweiter Stelle angegriffen wird, neben einer großen Menge eines anderen Bestandteiles, der
von der Maßlösung als Erster angegriffen wird, vorliegen. Denn jeder
Titrationsfehler mit der für die Bestimmung der größeren Menge not-
wendigen stärkeren Maßlösung, verursacht bereits einen großen Fehler
bei der Bestimmung der insgesamt nur kleinen Menge des anderen
Bestandteiles.

Die Zahl der brauchbaren Oxydations- oder Reduktionsmittel mit
nach ihrem Normalpotential genau abgestuften Wirkungsgrad ist beschränkt. Man ist hierbei zumeist auf die wenigen anorganischen
Metallsalze angewiesen, da die meisten anderen Verbindungen und die
große Zahl organischer Oxydations- bzw. Reduktionsmittel nicht
potentialbildend sind und daher auch keine definierten Potentiale ergeben. Ihre Verwendung beruht vielmehr auf gewissen Eigenschaften
ihrer Reaktionsfähigkeit in kinetischer Beziehung. Wie überhaupt bei
den Oxydations/Reduktionsvorgängen spielen daher auch bei solchen
und ähnlichen Reaktionen katalytische Erscheinungen häufig eine
große Rolle.

Nach einem Reduktionsverfahren lassen sich $Hg^{\cdot\cdot}$, $Ag^{\cdot}$, $Cu^{\cdot\cdot}$, As^5,

Sb^5, Sn^4, $Bi^{...}$, $Fe^{...}$, CrO_4'', MnO_4'' und U^6 potentiometrisch bestimmen. Mit starken Reduktionsmitteln wie $Ti^{...}$- oder $Cr^{..}$-Lösungen lassen sich bekanntlich terner eine Reihe von Metallionen unmittelbar titrieren in der Weise, daß sie dabei zum Metalle reduziert werden. Es sind dies: Hg, Ag, Cu und Bi. Diese Methode hat einen großen Nachteil. Die ausgeschiedenen, fein verteilten Metalle setzen sich an der Indicatorelektrode fest und rufen ein starkes und andauerndes Schwanken der Potentiale hervor, was die Titration außerordentlich erschwert. Da ferner auch die anderen Metalle von diesen starken Reduktionsmitteln angegriffen werden, kann das Verfahren für die Bestimmung mehrerer Metalle nebeneinander aus den bereits dargelegten Gründen auch nur dann angewendet werden, wenn diese in annähernd gleicher Konzentration vorliegen.

Mangan und Chrom lassen sich nach einem Reduktionsverfahren nur dann bestimmen, wenn sie zuvor oxydiert wurden und als MnO_4' und CrO_4'' vorliegen. Sie stehen mit ihren hohen Potentialen an der Spitze aller an dieser Stelle behandelten Metalle (s. Tabelle 2). Sie sind daher auch mit schwächeren Reduktionsmitteln unmittelbar zu titrieren. Verwendet man dafür aber z. B. Ferrosulfat, so tritt erst dann ein Potentialsprung auf, wenn sowohl das MnO_4' als auch das CrO_4'' reduziert sind. Der Grund hierfür ist der gleiche wie bei der eingangs erwähnten Reduktion mit Zinnchlorür: die durch die Reduktion entstandenen Chromiionen vermögen in saurer Lösung nicht reduzierend auf das Permanganat einzuwirken. Es gelingt jedoch auch Permanganat neben Chromat unmittelbar nach einem Reduktionsverfahren zu bestimmen. Unter geeigneten Bedingungen reduziert Oxalsäure in saurer Lösung nur das Permanganat, während das Chromat dabei nicht angegriffen wird. Die Oxalsäure stellt hierbei ein Reduktionsmittel dar, dessen Verwendung aus rein reaktionskinetischen Gründen eine Bestimmung der beiden Metalle nebeneinander ermöglicht. Chromat wird von der Oxalsäure nur sehr langsam angegriffen, während die Reduktion des Permanganates bedeutend schneller verläuft, da sie bekanntlich durch Manganoionen katalytisch beschleunigt wird. Nach der Titration des Permanganats mit Oxalsäure kann dann das Chromat mit Ferrosulfat bestimmt werden. Die übrigen Metalle werden dabei nicht angegriffen.

Dieses Verfahren ist allerdings nur beschränkt anwendbar. Mangan und Chrom liegen zumeist als Mangano- und Chromiionen in Lösung vor. Sie müssen daher vor der Titration nach dem Silber-Persulfatverfahren oxydiert werden. Übersteigt nun der Mangangehalt eine obere Grenze von etwa 4 mg, so scheidet sich bei der Oxydation Braunstein ab, und die Manganbestimmung ist damit unmöglich geworden. Sollte jedoch die Methode auch in Gegenwart der anderen Metalle — insbesondere von Wismut, Antimon und Zinn, deren Salze bekanntlich leicht hydrolysieren — möglich sein, so wäre sie bei Gegenwart nur geringer Mengen Mangan wertvoll, da sie sehr genaue Werte liefert.

Das für die Chromatbestimmung verwendete Ferrosulfat würde stören, wenn in der gleichen Lösung anschließend noch Eisen bestimmt werden soll. Dies kann vermieden werden, wenn man das Chromat mit arseniger Säure titriert. Die entstehende Arsensäure ist gegenüber Reduktionsmitteln sehr reaktionsträge und wird selbst von Ti$\cdots$ nur sehr langsam angegriffen.

Für die weitere Reduktion ist das nächststärkere Reduktionsmittel, welches auch Ferrieisen angreift, das zweiwertige Zinn. Stannosalzlösungen reduzieren aber auch zweiwertiges Quecksilber. Es ist jedoch zu erwarten, daß sich Eisen und Quecksilber nebeneinander mit Stannosalzen titrieren lassen, und zwar müßte das Eisen zuerst angegriffen werden, wie dies z. B. bei der Titration mit Chromosalzlösungen der Fall ist. Ob auch das Uran potentiometrisch mit Stannosalzen titriert werden kann, ist bisher nicht bekannt.

Fünfwertiges Antimon reagiert nicht mit Zinnchlorür. Nach Pinkhof ist die Titration von fünfwertigem Antimon mit Stannochloridlösungen dann durchzuführen, wenn die Lösung 6 n an Salzsäure ist, und wenn ein Überschuß an Kaliumjodid hinzugefügt wird. Bekanntlich macht fünfwertiges Antimon in stark salzsaurer Lösung Jod frei, welches dann das zweiwertige Zinn oxydiert. Da fünfwertiges Arsen in stark salzsaurer Lösung ebenfalls auf Jodid oxydierend wirkt, ist zu erwarten, daß dieses in gleicher Weise mit Zinnchlorür in Gegenwart von Kaliumjodid titriert werden kann, und daß daher eine Bestimmung von Arsen und Antimon nebeneinander so nicht möglich ist. Außer Arsen und Antimon setzen auch Fe$\cdots$ und Cu$\cdot\cdot$ Jod in Freiheit, doch kann ihr Einfluß auf die jodometrische Arsen- und Antimonbestimmung durch die Wahl geeigneter Versuchsbedingungen ausgeschaltet werden.

Titanosalzlösungen reduzieren in saurer Lösung außer den genannten Ionen auch noch Bi$\cdots$ zum Metall, Kupfer zu seiner einwertigen Stufe und sechswertiges Uran zu U$\cdots$.

Vierwertiges Zinn wird nur noch von Chromosalzen reduziert. Brintzinger und Rodis haben diese Erscheinung zur potentiometrischen Zinnbestimmung verwertet. Da ein so starkes Reduktionsmittel wie Chromosalze auch auf die anderen reduzierbaren Metallionen einwirkt, läßt sich dieses Verfahren nur dann für die Bestimmung von Zinn neben diesen Metallen anwenden, wenn sie durch eine vorhergehende Reduktion mit einem schwächeren Reduktionsmittel den Chromoionen gegenüber latent gemacht werden. Titanosalze, die in diesem Sinne wirken könnten, reduzieren Uran jedoch nur bis zur vierwertigen Stufe und Antimon zu Sb$\cdots$. Dreiwertiges Antimon wird demgegenüber von Chromosalzen zum Metall reduziert, allerdings erst dann, wenn bereits alles Zinn in seiner zweiwertigen Stufe vorliegt. Ob Uran von Chromosalzen zu seiner dreiwertigen Stufe reduziert wird, ist noch nicht bekannt geworden.

Es ergibt sich also insgesamt folgendes Bild:

Tabelle 2.

E_0	Reaktion	Reduktionsmittel:				
		$(COOH)_2$	As_2O_3	$Sn^{\cdot\cdot}$	$Ti^{\cdot\cdot\cdot}$	$Cr^{\cdot\cdot}$
+ 1,52	$MnO_4'/Mn^{\cdot\cdot}$	+	+	+	+	+
+ 1,3	$CrO_4''/Cr^{\cdot\cdot\cdot}$	—	+	+	+	+
+ 0,92	$2\,Hg^{\cdot\cdot}/Hg_2^{\cdot\cdot}$	—	—	+	+	+
+ 0,75	$Fe^{\cdot\cdot\cdot}/Fe^{\cdot\cdot}$	—	—	+	+	+
+ 0,49	$UO_2^{\cdot\cdot}/U^{\cdot\cdot\cdot\cdot}$	—	—	?	+	+
+ 0,2	$Bi^{\cdot\cdot\cdot}/Bi$	—	—	—	+	+
+ 0,18	$Cu^{\cdot\cdot}/Cu^{\cdot}$	—	—	—	+	+
?	$Sb^{\cdots\cdots}/Sb^{\cdot\cdot\cdot}$	—	—	—	(+)	+
+ 0,2	$Sn^{\cdot\cdot\cdot\cdot}/Sn^{\cdot\cdot}$	—	—	—	—	+
— 0,04	$Ti^{\cdot\cdot\cdot\cdot}/Ti^{\cdot\cdot\cdot}$	—	—	—	—	+
?	$As^{\cdots\cdots}/As^{\cdot\cdot\cdot}$	—	—	—	—	—

In dieser Tabelle fehlt das Silber, da bisher nur seine Reduktion mit Chromosalz als potentiometrische Bestimmung beschrieben wurde. Es ist jedoch wahrscheinlich, daß Silber auch von $Ti^{\cdot\cdot\cdot}$- und vielleicht sogar von $Sn^{\cdot\cdot}$-Lösungen reduziert wird. Aus der Tabelle geht hervor: Die Bestimmung von MnO_4' mit Oxalsäure ist spezifisch, so daß es also neben den anderen Bestandteilen der Lösung titriert werden kann. Dasselbe gilt für das CrO_4'', wenn man mit As_2O_3-Lösungen titriert. Die hierbei in die Lösung gelangenden neuen Bestandteile, also vor allem As^5, stören auch die Bestimmung der anderen Metalle nicht. Nach den Angaben im Schrifttum sind sowohl $Fe^{\cdot\cdot\cdot}$ und $Hg^{\cdot\cdot}$, als auch $Fe^{\cdot\cdot\cdot}$ und $UO_2^{\cdot\cdot}$ potentiometrisch nebeneinander zu bestimmen, und zwar im ersten Falle mit $Cr^{\cdot\cdot}$-, im zweiten mit $Ti^{\cdot\cdot\cdot}$-Lösungen als Maßflüssigkeit. Eisen und Quecksilber sollten auch mit $Sn^{\cdot\cdot}$-Lösungen nebeneinander titriert werden können. Ob dasselbe auch für Eisen und Uran gilt, kann nicht gesagt werden, da bisher nicht bekannt ist, ob zweiwertiges Zinn auch Uran zu $U^{\cdot\cdot\cdot\cdot}$ zu reduzieren vermag. Nach der Größe der Normalpotentiale kann dies jedoch erwartet werden. Völlig unbeantwortet ist jedoch die Frage, ob dann schließlich $Hg^{\cdot\cdot}$, $Fe^{\cdot\cdot\cdot}$ und $UO_2^{\cdot\cdot}$ potentiometrisch nebeneinander mit $Sn^{\cdot\cdot}$ bestimmt werden können. Bei dieser Titration gelangen in die zu untersuchende Lösung $Sn^{\cdot\cdot\cdot\cdot}$-Ionen. Diese würden aber stören, wenn im weiteren Verlauf der Analyse auch das Zinn selbst titriert werden soll.

Die beiden in der Reihe folgenden Metalle Cu und Bi können mit $Ti^{\cdot\cdot\cdot}$-Lösungen potentiometrisch nebeneinander bestimmt werden. Inwieweit dabei das fünfwertige Antimon stören wird, ist bisher nicht bekannt. Nach der Titration mit Titanlösungen kann natürlich eine

Bestimmung von Titan selbst in der gleichen Lösung nicht mehr durchgeführt werden.

Die beiden letzten Metalle Sn und Ti — Arsen stört ja überhaupt nicht — können nur noch von Chromosalzen reduziert werden. Nun ist zunächst nicht bekannt, ob auch ihre Bestimmung nebeneinander mit Cr¨ möglich ist. Wie bereits ausgeführt wurde, ist ihre Bestimmung überhaupt nicht möglich, wenn bereits bei den vorhergehenden Titrationen Zinn- und Titanionen in die Lösung gelangt sind.

Allgemein gilt jedoch für diesen Gang, daß er — wenn überhaupt — nur dann mit Erfolg angewendet werden kann, wenn die Konzentrationsunterschiede der Bestandteile, die mit der gleichen Maßlösung nebeneinander titriert werden sollen, nicht zu ungünstig sind (s. S. 77).

Die Bestimmung des Mangans als Permangant ist — wie bereits ausgeführt wurde — auf solche Fälle beschränkt, wo der Mangangehalt eine bestimmte obere Grenze nicht überschreitet, damit aber auch die Anwendung eines Reduktionsverfahrens überhaupt. Eine Möglichkeit, größere Manganmengen unmittelbar zu titrieren, bietet die Anwendung eines Oxydationsverfahrens. Von besonderem Interesse hierfür ist die von Müller und Wahle angegebene Methode, Manganosalzlösungen unmittelbar potentiometrisch mit Permangant und in Gegenwart von Fluorionen zu titrieren. Hierbei wird das Mangan zu seiner dreiwertigen Stufe oxydiert. Ein Vorteil dieses Verfahrens ist, daß sich — im Gegensatz zur Methode von Volhard-Wolff — kein Niederschlag bildet, der häufig zu Komplikationen Anlaß gibt. Leider steht einer weitgehenden Anwendung dieser Methode die Notwendigkeit entgegen, die Titration in einer Platinschale durchzuführen, da in der sauren Lösung die freigemachte Flußsäure bei der Titrationstemperatur von 80° Glasgefäße angreifen würde. Es hat sich jedoch herausgestellt, daß die Titration auch in der Kälte durchgeführt werden kann, wenn in der Lösung Chlorionen zugegen sind (s. S. 113). Dabei werden die verwendeten Glasgefäße nicht angegriffen. Diese Bestimmung dürfte ziemlich weitgehend spezifisch für das Mangan sein.

Chrom kann nur in alkalischer Lösung zu Chromat oxydiert werden, worauf sich eine potentiometrische Bestimmungsmethode mit Ferricyankalium gründet.

Die anderen Metalle können bisher in der vorliegenden Stufe nicht unmittelbar oxydimetrisch bestimmt werden. Dazu ist vielmehr notwendig, daß sie zuvor reduziert werden. Dann allerdings sind bei vielen Metallen eine ganze Reihe von Bestimmungsmöglichkeiten vorhanden. Erweitert wird die Möglichkeit der potentiometrischen Titration vieler Metalle nebeneinander nach einem Oxydations/Reduktionsverfahren, wenn man die oxydimetrische und reduktometrische Methode gemeinsam anwendet. Praktische Beispiele dafür kann man sich leicht aus den in diesem Buch aufgeführten Bestimmungen mehrerer Metalle nebeneinander zusammenstellen. Eines sei hier angeführt. $Fe^{\cdots}$ und $UO_2^{\cdots}$ können nebeneinander mit $TiCl_3$-Lösungen potentiometrisch titriert werden, und zwar wird das Eisen dabei zuerst angegriffen. Liegen nun in den zu untersuchenden Lösungen nur kleine Mengen an Uran neben größeren Eisenmengen vor, so wird die Uranbestimmung aus den bereits angeführten Gründen ungenau. Man kann jedoch zu genauen Uranwerten gelangen, wenn nach der Bestimmung von Uran und Eisen mit $TiCl_3$, das entstandene $U^{\cdots\cdots}$ mit $FeCl_3$-Lösungen, die entsprechend dem nur kleinen Urangehalt verdünnter sind als die verwendete $TiCl_3$-Lösung, zurücktitriert wird.

So wichtig diese Feststellung gerade auch für praktische Fälle ist, so bringt sie uns doch auf dem Wege zu einem systematischen Analysengang für die Bestimmung aller angeführten Metalle zunächst nicht weiter. Denn erstens sind die für die Maßlösungen verwendeten Metallsalze als Oxydations- bzw. Reduktionsmittel nicht genügend spezifisch und zweitens stören die bei der Titration in die Lösung gelangenden Metallionen die Bestimmung des gleichen Metalls.

Von großem Vorteil wäre es daher, wenn für diesen Zweck Agenzien gefunden würden, die in ihrer Wirksamkeit spezifischer sind und auch keine störenden Bestandteile in die Lösung bringen. Die organischen Oxydations/Reduktionsmittel einfacher Zusammensetzung, an die man hierbei denken könnte, sind jedoch entweder in ihrem Verhalten wenig differenziert oder sehr reaktionsträge. Unter Berücksichtigung katalytischer Erscheinungen lassen sie sich aber sicher in manchen Fällen auch erfolgreich anwenden, wie die Bestimmung von Permanganat mit Oxalsäure als anschauliches Beispiel zeigt.

Bedeutungsvoll erscheint ferner die Möglichkeit, den Reaktionsverlauf bei Oxydations/Reduktionsvorgängen dadurch maßgeblich zu beeinflussen, daß durch Komplexbildung oder Fällung eine Verlagerung des Gleichgewichtes bewirkt wird. Dies zeigt als Beispiel die Titration von Manganoionen in Gegenwart von Fluorionen mit Permanganat. Permanganat vermag an sich in saurer Lösung Manganoionen nur zu einem geringen und unbedeutenden Teil in Manganiionen überzuführen. Nimmt man jedoch die Reaktion bei Gegenwart von Fluorionen vor, so verläuft sie quantitativ von links nach rechts entsprechend

$$MnO_4' + 4\,Mn^{\cdots} + 8\,H^{\cdot} = 5\,Mn^{\cdots} + 4\,H_2O,$$

da die Manganiionen durch Komplexbildung mit den Fluorionen aus dem Gleichgewicht entfernt werden.

Auch die Reduktion von zweiwertigem zu einwertigem Kupfer kann mit schwächeren Reduktionsmitteln in Gegenwart von Rhodanionen vorgenommen werden unter Bedingungen, welche sonst keine merkliche

Reduktion gestatten oder diese wenigstens nicht quantitativ gestalten. Die Zugabe von Rhodanionen bei der Titration von $Cu^{\cdot\cdot}$-Lösungen mit $Ti^{\cdots}$ hängt damit zusammen. Der Grund ist der, daß die gebildeten Cuproionen unter Bildung des schwerlöslichen Cuprorhodanids aus dem Gleichgewicht entfernt werden.

Bekanntlich ist auch zweiwertiges Kobalt in neutraler oder alkalischer Lösung unter Bildung stabiler Kobaltikomplexe leicht oxydabel. Ob dieses Verhalten eine potentiometrische Kobaltbestimmung ermöglicht, ist bisher nicht bekannt.

c) Fällungs- und Komplexbildungsreaktionen.

Während bei den Oxydations/Reduktionsreaktionen nur eine Indicatorelektrode, nämlich eine aus Platin, erforderlich ist, tritt bei der Anwendung von Fällungs- und Komplexbildungsreaktionen die Elektrodenfrage als wesentlicher Faktor in den Vordergrund. Für die Indizierung des Endpunktes einer Titration kann hierbei eine Elektrode dienen, die entweder auf die zu bestimmenden Metallionen oder auf das fällende oder komplexbildende Agenz anspricht.

Die Verwendungsmöglichkeit von Metallen als Indicatorelektroden ist bekanntlich beschränkt, denn die Metalle dürfen in der zu untersuchenden Lösung nicht angegriffen werden und müssen momentan und konzentrationsrichtig auf die Veränderung ihrer Ionenkonzentration ansprechen. Außer Silber und Quecksilber sollen nach H. Brintzinger auch Elektroden aus Wolfram, Molybdän und Chrom als Indicatorelektroden geeignet sein und die Bestimmung von Wolframat, Molybdat und Chromat durch eine Fällungsreaktion z. B. mit Bariumionen ermöglichen. E. Müller weist darauf hin, daß diese Metalle wahrscheinlich als Oxydelektroden wirken und als solche auf die Wasserstoffionenkonzentration ansprechen. Bei den anderen Metallelektroden treten besonders im Gebiete kleiner Ionenkonzentrationen, wie sie im Äquivalenzpunkt vorhanden sind, ungesetzmäßige Potentialschwankungen und Trägheitserscheinungen auf, die ihren Grund teilweise sicher in einer Passivierung der Elektrodenoberfläche haben. Danach würden bei den Fällungs- und Komplexbildungsreaktionen nur für das Silber und Quecksilber geeignete Indicatorelektroden für unmittelbare Titrationen vorhanden sein.

Die Bestimmungsmöglichkeiten anderer Metalle werden aber wesentlich erweitert durch die Verwendung von Indicatorelektroden, welche auf das Fällungs- oder Komplexbildungsmittel ansprechen. Zunächst ergibt sich die Möglichkeit, eine Indicatorelektrode aus Platin zu verwenden, wenn das Fällungs- oder Komplexbildungsmittel oder auch der zu bestimmende Bestandteil, wie z. B. CrO_4'', ein definiertes Oxydations/Reduktionspotential zeigen. Dies gilt also auch für die Fällungsreaktionen mit Natrium- oder Kaliumferrocyanid, die man in Gegenwart einer geringen Menge Ferricyanionen vornimmt, und bei denen das Oxydations/Reduktionspotential Ferricyanid/Ferrocyanid zur Indizierung des Endpunktes herangezogen wird.

Ist die Fällungs- oder Komplexbildungsreaktion mit einer gleichzeitigen Veränderung der Wasserstoffionenkonzentration gekuppelt, so sind als Indicatorelektroden auch solche geeignet, die auf die Wasserstoffionen in der zu untersuchenden Lösung ansprechen, also z. B. die Chinhydron- oder Antimonelektrode.

Indicatorelektroden für Anionen sind auch die Elektroden zweiter Art. Wegen der günstigen Eigenschaften bezüglich der elektrolytischen Leitfähigkeit ihrer schwerlöslichen Salze — der Halogenide und des Sulfids — sind die Silberelektroden zweiter Art als Indicatorelektroden besonders geeignet, da die schwerlöslichen Salze direkt als Elektrodenmaterial verwendet werden können. Die Eigenschaften dieser Elektroden sind in dem Abschnitt „Elektroden" ausführlich beschrieben worden.

Obgleich nunmehr für sehr viele unmittelbare Bestimmungen geeignete Indicatorelektroden vorhanden sind, bleiben die Möglichkeiten, mehrere Metalle nebeneinander und in Gegenwart möglichst vieler anderer Bestandteile in der gleichen Lösung unmittelbar zu titrieren, noch äußerst gering. Von den bisher vornehmlich angewendeten Fällungs- oder Komplexbildungsmitteln bieten die Titrationen mit Natriumsulfid und Ferrocyanid die geringsten Aussichten auf Erfolg, da nicht nur sehr viele Metalle damit reagieren, sondern vielfach auch Reaktionsprodukte mit ähnlichem Löslichkeitsprodukt und sogar Verbindungen in nicht stöchiometrischem Verhältnis entstehen. Bei den cyanometrischen Bestimmungen stören sich immer noch Ni, Co und Cu gegenseitig, bei größeren Unterschieden in den Mengenverhältnissen auch Silber und Quecksilber.

Selbst bei der Titration mit Cl' stören sich Silber und Quecksilber, und dies ist auch bei den anderen Agenzien, wie Br', J', CNS', S_2O_3'' usw., mehr oder weniger der Fall.

Es könnte jedoch möglich sein, die Spezifität potentiometrischer Fällungs- oder Komplexbildungsreaktionen durch die Erzeugung geeigneter Komplexe zu erhöhen, wofür gerade die Silberelektroden zweiter Art ein wertvolles Hilfsmittel darstellen können. So würde die Silberjodidelektrode z. B. als Indicatorelektrode zu verwenden sein bei einer Bestimmung wie etwa

$$Bi^{\cdots} + [Co\,en_2(CNS)_2]^{\cdot} + 4\,J' = [Co\,en_2(CNS)_2]BiJ_4,$$

vorausgesetzt natürlich, daß die Reaktion genügend quantitativ verläuft, damit am Äquivalenzpunkt ein deutlicher und scharfer Potentialsprung auftreten kann.

In diesem Zusammenhange sei auch auf die Bildung organischer Innerkomplexsalze der verschiedenen Metalle hingewiesen, die wegen der erhöhten Spezifität der Bestimmungen seit einiger Zeit systematisch in der analytischen Chemie angewendet wird. Für die Übertragung solcher Reaktionen auf die unmittelbare potentiometrische Bestimmung der Metalle können die Silberelektroden zweiter Art ebenfalls wertvoll sein. Enthält ein solches organisches Molekül außer der für das zu bestimmende Metall spezifischen Gruppe auch noch eine solche, die mit Silberionen eine genügend feste Bindung eingehen kann, so muß unter geeigneten Bedingungen die Bestimmung mit einer Silberelektrode zweiter Art möglich sein.

Bis man hier zu brauchbaren Ergebnissen gelangen wird, ist noch viel Vorarbeit zu leisten. Aus diesem Grunde und nach dem augenblicklichen Stand der Dinge, scheint es daher zweckmäßig zu sein, die potentiometrische Bestimmung mehrerer Metalle nebeneinander zunächst in einzelnen Gruppen durchzuführen, wobei die einzelnen Gruppen durch eine Trennung voneinander gesondert werden sollen. Dies ist z. B. in der Weise möglich, daß man zunächst die Schwefelwasserstoff- und die Ammoniumsulfidgruppe abtrennt und die Metalle dieser Gruppen nochmals in zwei Untergruppen teilt, und zwar einmal mit K_2S, andererseits nach der Bariumcarbonatmethode. Es ergeben sich dann folgende Gruppen mit folgenden Metallen:

Ag, Bi, Pb, Cu, (Cd) ;

(Hg), As, Sb, Sn ;

Fe, Cr, Al, Ti, U ;

Mn, Ni, Co, Zn.

Für die potentiometrische Bestimmung dieser Metalle nebeneinander in einem Analysengang ergibt sich folgende Arbeitsvorschrift.

d) Schwefelwasserstoffgruppe
(Ag, Bi, Pb, Cu, Cd, Hg, As, Sb, Sn).

Man fällt die Metalle in der üblichen Weise in saurer Lösung bei 90° mit Schwefelwasserstoff, filtriert und wäscht die Sulfide mit etwas Salzsäure und Salpetersäure enthaltendem Schwefelwasserstoffwasser aus. Darauf spritzt man den Niederschlag in ein Becherglas, erwärmt mit etwas Wasser auf dem Wasserbade und setzt 20—25 ccm einer Mischung von Kaliumsulfid und Ätzkali hinzu, die folgendermaßen bereitet wird. Ein bestimmtes Volumen 15% iger Kaliumhydroxydlösung wird mit Schwefelwasserstoff gesättigt. Dann fügt man ein gleiches Volumen derselben Lauge hinzu, läßt die Lösung mehrere Tage stehen und filtriert sie schließlich.

Nach der Zugabe von 20—25 ccm dieser Lösung zu den Metallsulfiden verdünnt man auf 250—300 ccm, kocht auf und filtriert. Im

Filtrat befinden sich dann Hg, As, Sb und Sn. Sind Quecksilber und Cadmium zugleich vorhanden, so ist diese Trennung allerdings nicht möglich, da Schwefelcadmium anscheinend eine sehr beständige Verbindung mit Schwefelquecksilber eingeht.

1. Die Bestimmung von Ag, Bi, Pb, Cu und Cd.

Die Sulfide dieser Metalle werden in der bekannten Weise in halbkonzentrierter Salpetersäure aufgelöst. Die erhaltene salpetersaure Lösung wird dann zur Bestimmung der Metalle wie folgt behandelt:

Zunächst wird das Silber durch Fällung als Silberchlorid in der Kälte potentiometrisch bestimmt. Die Titration wird mit einer Salzsäurelösung geeigneter, nicht zu geringer Konzentration durchgeführt. Als Indicatorelektrode dient die Silberjodidelektrode.

Die Silberchlorid enthaltende Lösung wird — ohne zu filtrieren — mit einer sich nach dem Wismutgehalt richtenden, überschüssigen Menge an 0,1 n-Salzsäure versetzt, zum Sieden gebracht und mit soviel 2 n-Natriumacetatlösung oder Ammoniumacetatlösung versetzt, bis sie nicht mehr mineralsauer ist (Kongopapier). Dabei scheidet sich das Wismut als Oxychlorid ab, welches nach einigem Kochen der Lösung grob kristallin wird und sich gut filtrieren läßt. Dann wird filtriert. Der Niederschlag wird mehrmals mit heißem, etwas Essigsäure enthaltendem Wasser ausgewaschen und dann in das für die Fällung verwendete Becherglas zurückgespült. Das Filter selbst wird dann noch mit etwas halbkonz. Salpetersäure ausgekocht und die Lösung zum Hauptniederschlag gegeben. In diesem wird das Oxychlorid mit etwas konz. Salpetersäure gelöst, die Lösung mit Wasser verdünnt und in der Kälte potentiometrisch mit Silbernitratlösung titriert. Indicatorelektrode wieder Silberjodid.

Zu dem essigsauren Filtrat werden nun zur Bleibestimmung 10 ccm 2 n-Natriumacetatlösung und ein geringer Überschuß an $^1/_6$ molarer Kaliumbichromatlösung in der Hitze zugefügt. Läßt man darauf die Lösung noch einige Minuten kochen, so scheidet sich das Bleichromat in grobkristalliner und daher gut filtrierbarer Form ab. Man filtriert noch heiß vom Bleichromat ab und wäscht mit warmem, etwas Essigsäure enthaltendem Wasser aus. Danach wird das Filter mit einem Glasstab durchstochen und das Bleichromat in das für die Fällung verwendete Becherglas zurückgespült. Das Filter wird mit etwas 0,1 n-Salzsäure zweimal ausgekocht und die Lösung zum Hauptniederschlag gegeben. Dann fügt man etwa 25 ccm 0,2 n-SbCl$_3$-Lösung — je nach dem Bleigehalt — und darauf die zum Lösen notwendige Menge konz. Salzsäure (etwa 30 ccm) hinzu. Nach einiger Zeit — gegebenenfalls nach einigem Erwärmen — hat sich das Bleichromat gelöst, wobei unter gleichzeitiger Oxydation des Antimons das Chromat reduziert wurde.

In der klaren, jetzt grün gefärbten Lösung wird das überschüssige dreiwertige Antimon in der Kälte potentiometrisch mit $KMnO_4$-Lösung
titriert. Als Indicatorelektrode dient eine Platinelektrode.

Für die nun folgende Bestimmung des Kupfers muß das in der
Lösung noch vorhandene Chromat zunächst reduziert werden. Hierzu
verwendet man Hydrazinsulfat. Man versetzt die noch warme Lösung
mit etwa einer Messerspitze Hydrazinsulfat und schwenkt sie gelegentlich
um. Nach etwa 5 Minuten ist die Reduktion des Chromates vollständig.
Nun fügt man zu der jetzt grünen Lösung einen Überschuß an 0,1 n-
KCNS-Lösung hinzu, darauf eine weitere Messerspitze Hydrazinsulfat
und solange 2 n-Natriumacetatlösung, bis sich das Cuprorhodanid abzuscheiden beginnt. Kocht man nun die Lösung auf, so ballt sich das
Cuprorhodanid zusammen und kann gut filtriert werden. Der Niederschlag wird dann mit schwach essigsaurem Wasser ausgewaschen, das
Filter in das für die Fällung verwendete Becherglas zurückgegeben und
mit etwa 25 ccm 10%iger Natronlauge und 75 ccm Wasser 5 Minuten
lang erwärmt. Dann wird mit warmem, etwas Natronlauge enthaltendem
Wasser ausgewaschen, bis das Waschwasser keine Rhodanionen mehr
enthält (Silbernitrat). In dem mit Salpeter- oder Schwefelsäure angesäuertem Filtrate wird dann das Rhodanid potentiometrisch mit Silbernitratlösung titriert. Indicatorelektrode ist die Silberjodidelektrode.

In dem Filtrate vom Cuprorhodanid wird zuletzt das Cadmium
potentiometrisch durch Titration mit einer Natriumsulfidlösung bestimmt. Zu diesem Zweck stellt man zunächst einmal fest, ob die
Lösung nicht etwa noch sauer reagiert. Ist dies der Fall, so versetzt
man sie mit etwas Natronlauge oder auch mit einer ausreichenden Menge
Natriumacetatlösung. Dann taucht man das Elektrodenpaar Silber-
sulfid/stabilisierte Silberelektrode ein und titriert in der Kälte bis zum
Potentialsprung.

2. Die Bestimmung von Hg, As, Sb und Sn.

Nach der Abtrennung von den Sulfiden der Schwefelwasserstoffgruppe mit Kaliumsulfid liegen die Metalle Hg, As, Sb und Sn in sulfalkalischer Lösung vor. Diese Lösung kann für die Bestimmung der
Metalle nicht unmittelbar verwendet werden. Die sonst mögliche Abscheidung des Quecksilbersulfids durch Chlorammonium läßt sich nicht
durchführen, wenn in der Lösung auch Zinn zugegen ist. Das Zinnsulfid
fällt zum Teil mit aus, und ein Teil des Quecksilbersulfids bleibt mit
dem Rest des Zinnsulfids in Lösung. Die Abscheidung des Quecksilbersulfids läßt sich jedoch auch in einer Lösung, welche Zinn enthält, ausführen, wenn die Lösung mit Wasserstoffsuperoxyd gekocht wird. Dabei
werden der überschüssige Sulfidschwefel und die Sulfosäuren von As,
Sb und Sn vollständig oxydiert, während das sich dabei gleichzeitig

abscheidende Quecksilbersulfid nicht angegriffen wird. Man geht also folgendermaßen vor:

Zu der sulfalkalischen Lösung gibt man eine konz. Lösung von 3 g Weinsäure und nach und nach solange 30%iges Wasserstoffsuperoxyd hinzu, bis sich kein Quecksilbersulfid mehr abscheidet und schließlich noch 1 ccm mehr. Dann erhitzt man zum Sieden und kocht die Lösung solange, bis die Sauerstoffentwicklung aufgehört hat. Nachdem die Lösung etwas abgekühlt ist, versetzt man sie mit einer Lösung von etwa 1 g Natriumoxalat und erhitzt sie nochmals solange, bis die Entwicklung von Sauerstoff und Kohlendioxyd beendet ist. Nun filtriert man vom Quecksilbersulfid durch einen Glasfrittentiegel ab und wäscht den Niederschlag mit schwach alkalischem, etwas Weinsäure enthaltendem Wasser aus.

Für die Bestimmung des Quecksilbers wird der Sulfidniederschlag in dem Glasfrittentiegel, der mit einem Uhrglas bedeckt wird, tropfenweise mit einem Gemisch von 20 ccm konz. Salpetersäure und 3 ccm konz. Salzsäure oder weniger übergossen. Nachdem alles gelöst ist, verdünnt man mit Wasser, saugt ab und wäscht mit verdünnter Salpetersäure nach. Die Lösung versetzt man mit etwa 5 g Harnstoff, kocht sie auf, läßt abkühlen, stumpft mit etwa 30 ccm 2 n-Natriumacetatlösung ab und titriert sie schließlich mit einer 0,1 n-Kaliumjodidlösung unter Verwendung der Silberjodidelektrode als Indicatorelektrode. Man achte darauf, daß beim Lösen des Sulfidniederschlages die angegebene Menge Salzsäure nicht überschritten wird, da die anwesenden Chlorionen den Potentialsprung stark verkleinern.

Das Filtrat, welches Arsen, Antimon und Zinn enthält, wird mit Salzsäure angesäuert und in einem Meßkolben auf 500 ccm aufgefüllt.

In einem abgemessenen Teil wird zunächst die Summe von Arsen und Antimon bestimmt. Man versetzt die Lösung mit soviel Salzsäure, daß sie mindestens 25% freie HCl enthält. Dann fügt man Kaliumjodid im Überschuß hinzu und titriert das während einer halben Stunde im Dunkeln abgeschiedene Jod mit Thiosulfat und Stärke als Indicator. Will man potentiometrisch titrieren, so verwendet man eine Platinelektrode.

In einem zweiten abgemessenen Teil wird nun das Antimon mit eisenfreier Titantrichloridlösung reduziert. Die Lösung, die mindestens 5% freie Salzsäure enthalten soll, wird zum Sieden erhitzt und dann tropfenweise mit einer höchstens 10%igen Lösung von Titantrichloridlösung versetzt, bis sie schwach gefärbt ist, oder besser, das starke Reduktionspotential des $Ti^{...}$ an einer eingetauchten Platinelektrode zeigt. Die schwach gefärbte Lösung versetzt man noch heiß mit etwa 2 g Harnstoff und darauf tropfenweise mit 0,1 n-Salpetersäure, bis sie wieder vollkommen farblos geworden ist. Dann gibt man weitere

5 bis 10 Tropfen Salpetersäure hinzu, kocht nochmals etwa 10 Minuten. lang und kühlt die Lösung dann möglichst schnell ab. In dieser Lösung kann man nun das dreiwertige Antimon mit 0,1 n-Kaliumbromatlösung und Methylorange als Indicator in der bekannten Weise oder auch potentiometrisch an einer Platinelektrode titrieren. Ein Vorteil der potentiometrischen Methode ist dabei, daß man das Fortschreiten der Reaktion besser verfolgen und daher auch schneller titrieren kann.

Liegen nur kleine Arsenmengen vor, so empfiehlt es sich, das Arsen nach der Reduktion des Antimon jodometrisch in der bereits bei der Ermittlung der Summe von Arsen und Antimon angeführten Weise zu bestimmen.

Ein dritter abgemessener Teil der Lösung wird schließlich für die Bestimmung des Zinns verwendet. Man fügt zu der Lösung in einem $^3/_4$-Liter-Kolben 50 ccm konz. Salzsäure hinzu und führt die Reduktion mit 1 g Eisenpulver (Ferrum reductum) aus. Wenn alles Eisen verschwunden ist, wird nochmals 1 g Eisenpulver in der gleichen Weise gelöst. Nun verschließt man den Kolben mit einem Contat-Göckel-Ventil, nachdem man unmittelbar davor nochmals 1,5—2 g Eisenpulver hinzugefügt hatte. Hat sich schließlich alles Eisen gelöst, so kühlt man die Lösung ab, versetzt sie mit einer Lösung, die aus 100 ccm Wasser, 0,2 g Kaliumjodid, 5 ccm Stärkelösung und 10 ccm verd. Salzsäure besteht und durch Einstreuen einer Messerspitze Natriumbicarbonat vom Luftsauerstoff befreit wurde. Dann wird sofort mit einer 0,1 n-Kaliumbromatlösung bis zur Blaufärbung titriert.

e) Ammoniumsulfidgruppe
(Mn, Ni, Co, Zn, Cr, Fe, Al, U, Ti).

Die durch Auflösen des Niederschlages entstandene salpetersaure Lösung enthält die oben angeführten Metalle. Wie bei der Schwefelwasserstoffgruppe wird auch hier zunächst eine Unterteilung in zwei Gruppen vorgenommen. Dies geschieht nach der Bariumcarbonatmethode, welche eine Trennung der mehrwertigen von den zweiwertigen Metallen gestattet.

Die in einem Erlenmeyer-Kolben befindliche saure Lösung der Nitrate versetzt man tropfenweise mit Natriumcarbonatlösung, bis eine geringe bleibende Trübung entsteht, die durch Zusatz einiger Tropfen verd. Salpetersäure zum Verschwinden gebracht wird. Hierauf setzt man in Wasser aufgeschlämmtes reines Bariumcarbonat hinzu, bis nach längerem Umschütteln ein kleiner Überschuß davon am Boden des Kolbens sichtbar wird. Dann verschließt man den Kolben und läßt ihn unter häufigem Schwenken etwa 2 Stunden stehen. Bei einer Vollanalyse nimmt man die Trennung in diese einzelnen Gruppen gleich am Anfang vor, so daß man während der Zeit, welcher der die Lösung mit der

Bariumcarbonataufschlämmung stehen muß, die Aufarbeitung der Schwefelwasserstoffgruppe durchführt. Nach zwei Stunden wird die klare Flüssigkeit dekantiert, der Rückstand mit kaltem Wasser versetzt und nochmals dekantiert. Dies wiederholt man dreimal, bringt den Niederschlag schließlich aufs Filter und wäscht völlig mit kaltem Wasser aus. Der Niederschlag enthält alles Eisen, Aluminium, Chrom, Titan und Uran sowie den Überschuß an Bariumcarbonat. Das Filtrat enthält die zweiwertigen Metalle und Bariumnitrat.

1. Die Bestimmung von Mn, Ni, Co und Zn.

Das Filtrat wird in einem Meßkolben auf 500 ccm aufgefüllt. Einen Teil davon verwendet man zunächst für die Bestimmung des Mangans.

Liegen nur geringe Mengen Mangan vor, maximal etwa 4 mg in 50 ccm, so verdünnt man auf 200 ccm und oxydiert das Mangan zum Permanganat nach dem Silbernitrat-Persulfatverfahren (s. S. 108). Nach dem Verkochen des überschüssigen Persulfates wird die etwa 80—90° warme Lösung in der bekannten Weise dann mit Oxalsäure potentiometrisch titriert. Als Indicatorelektrode dient eine Platinelektrode.

Sind jedoch größere Manganmengen vorhanden, so kann man entweder nach Volhard-Wolff titrieren (s. S. 56) oder nach E. Müller potentiometrisch mit Permanganat und in Gegenwart von Natriumfluorid. Im letzten Falle versetzt man 50 oder 100 ccm der Lösung tropfenweise mit Natronlauge, bis eine schwache Trübung entsteht, die man mit einigen Tropfen verd. Salpetersäure wieder fortnimmt. Diese fast neutralisierte Lösung wird nun bei einem Volumen von 110 ccm mit 15 g Natriumfluorid (neutral) und 10 ccm konz. Salzsäure versetzt und potentiometrisch mit Permanganatlösung unter Verwendung einer Platinelektrode titriert. Die Reaktion ist gegen das Ende etwas rückläufig, weshalb man zum Schluß langsam titrieren und die Einstellung des Gleichgewichtspotentials abwarten muß.

Für die Bestimmung der anderen Metalle ist zwischen den beiden Fällen zu unterscheiden, ob nur Nickel und so wenig Kobalt vorhanden ist, daß seine besondere Bestimmung nicht durchgeführt werden soll, oder ob größere Mengen an Kobalt vorhanden sind.

1. Fall (kein Kobalt). 100 ccm der Lösung werden mit etwa 1 g Weinsäure und soviel konz. Ammoniak versetzt, daß die Lösung stark danach riecht. In der kalten Lösung wird dann das Nickel unter Verwendung der Silbersulfidelektrode mit Kaliumcyanidlösung bis zum Potentialsprung titriert.

Zu weiteren 100—200 ccm der Lösung gibt man so lange tropfenweise Natronlauge hinzu, bis eine schwache Trübung auftritt. Dann versetzt man sie mit einer konz. Lösung von 2—3 g Natriumtartrat (neutral), wobei die Lösung wieder vollkommen klar werden muß, ferner mit

30 ccm 2 n-Natriumacetatlösung und soviel Kaliumcyanidlösung, wie bei der Nickeltitration zur Bildung von $Ni(CN)_4''$ als notwendig ermittelt wurde. Dann titriert man in dieser Lösung das Zink mit Na_2S-Lösung (0,1 n) unter Verwendung der Silbersulfidelektrode.

2. Fall (viel Kobalt). 50—100 ccm der Lösung werden solange tropfenweise mit Natronlauge versetzt, bis eine schwache Trübung auftritt. Dann gibt man eine konzentrierte Lösung von 3 g Natriumtartrat (neutral) in Wasser und 30 ccm 2 n-Natriumacetatlösung hinzu. Nun fügt man zu der Lösung einen gemessenen Überschuß einer gestellten Kaliumcyanidlösung hinzu und titriert anschließend den Überschuß mit Silbernitratlösung unter Verwendung der Silbersulfidelektrode zurück. Die Potentialkurve zeigt einen nur sehr flachen ersten Sprung, wenn die überschüssigen Cyanionen und die über das Verhältnis $Zn(CN)_2$ hinaus von Zink gebundenen Cyanionen verbraucht sind, der jedoch nicht beachtet wird. Ein zweiter sehr scharfer und deutlicher Potentialsprung tritt auf, wenn alle Cyanionen bis auf die an Nickel als $Ni(CN)_4''$ und an Kobalt als $[Co(CN)_5H_2O]'''$ gebundenen mit den Silberionen unter Bildung von Silbercyanid reagiert haben. Aus dieser Titration ergibt sich also der Verbrauch an KCN-Lösung für die Bildung der beiden Komplexe des Nickels und Kobalts. Die Bestimmung der beiden Metalle einzeln ist nur dann möglich, wenn eines von ihnen auch unabhängig von anderen bestimmt werden kann. Eine Bestimmung von Nickel und Kobalt nebeneinander ist bereits an anderer Stelle beschrieben worden (s. S. 75). Zink stört hierbei nicht, wohl aber die Gegenwart von Manganionen. Diese müßten also zuvor aus der Lösung entfernt oder unschädlich gemacht werden. Da für den letzten Fall noch kein Weg bekannt ist, bleibt nur die Entfernung der Manganionen aus der Lösung über. Zu diesem Zweck versetzt man die Lösung mit Natriumcarbonat im Überschuß, säuert stark mit Essigsäure an, fügt für 1 g Nickel oder Kobalt 5 g Ammoniumacetat hinzu, erhitzt die 100—200 ccm betragende Flüssigkeitsmenge auf etwa 70—80° und leitet Schwefelwasserstoff bis zur Sättigung ein. Dann wird filtriert und mit heißem Wasser ausgewaschen. Das Mangan ist in Lösung, Nickel und Kobalt befinden sich im Niederschlag. Die Bestimmung von Nickel und Kobalt erfolgt dann in der auf S. 75 beschriebenen Weise. — Die Methode ist noch ziemlich umständlich; leider ist jedoch bisher kein bequemerer Weg beschrieben worden.

Die Bestimmung von Zink erfolgt nach der Bestimmung von Nickel plus Kobalt mit Kaliumcyanid und Silbernitrat in der gleichen Weise wie bei der bereits beschriebenen Titration in dem Falle, wo kein Kobalt zugegen war. Das Prinzip ist also auch hier wieder, daß Ni und Co mit KCN komplex gebunden werden und das Zink dann mit Na_2S-Lösung potentiometrisch titriert wird. Man vermeide es, in die für die Zinktitration bestimmte Lösung mehr Kaliumcyanid hinzuzugeben, als bei der vorhergehenden Titration für Ni und Co ermittelt worden war. Einige wenige Tropfen stören zwar nicht, bei einer etwas größeren Menge aber wird der Zinksprung stark beeinflußt und kann sogar unbrauchbar werden.

2. Die Bestimmung von Cr, Fe, Al, U und Ti.

Der bei der Abtrennung dieser Metalle nach der Bariumcarbonatmethode erhaltene Niederschlag wird zunächst zweimal mit etwas konz. Schwefelsäure abgeraucht, um die in ihm etwa noch enthaltene Salpetersäure zu entfernen. Der nicht ganz zur Trockene abgerauchte Niederschlag wird dann mit 10%iger Schwefelsäure aufgenommen und die Lösung in einem Meßkolben auf 300 ccm aufgefüllt. Die Lösung enthält $BaSO_4$, welches jedoch die Bestimmung der Metalle nicht stört. Bevor man eine Probe aus dem Meßkolben entnimmt, wirbele man den Niederschlag durch Schütteln auf, damit die am $BaSO_4$ adsorbierten Metalle der Bestimmung nicht entzogen werden.

Für die Bestimmung des Chroms oxydiert man dieses in 25—50 ccm der Lösung mit 20 ccm Ammoniumpersulfatlösung (500 g auf 1000 ccm Wasser), und 10 ccm Silbersulfat (5 g auf 1000 ccm Wasser), nachdem man die Lösung auf etwa 200 ccm verdünnt hat. Der Überschuß an Ammoniumpersulfat wird durch Verkochen zerstört, indem man die Lösung solange im Sieden erhält, bis die Sauerstoffentwicklung beendet ist und dann noch etwa 5 Minuten länger. Die abgekühlte Lösung wird mit einer Ferrosulfatlösung potentiometrisch bis zum Potentialsprung titriert. Indicatorelektrode ist Platin.

In einer zweiten Probe von 50 ccm bestimmt man dann das Eisen und Uran mit $TiCl_3$-Lösung bei etwa 70°. Der erste Potentialsprung zeigt die Reduktion des Eisens, der zweite die des Urans zu $U^{····}$ an. Vor der Titration des Urans setzt man der Lösung eine reichliche Menge Kaliumnatriumtartrat zu (s. S. 55). — Liegt nur wenig Uran neben viel Eisen vor, so titriert man nach der Reduktion mit $TiCl_3$ zweckmäßig mit einem Oxydationsmittel, z. B. $KMnO_4$, zurück (vgl. S. 72).

Das vierwertige Titan kann unmittelbar nur mit $Cr^{··}$-Lösung titriert werden (s. S. 54). Eine Reduktion im Zinkreduktor mit anschließender oxydimetrischer Bestimmung ist nicht möglich, wenn Chrom zugegen ist, da auch dieses mit reduziert werden würde. Vielleicht läßt sich jedoch unter geeigneten Bedingungen ein Zwischensprung nach der Überführung von $Cr^{··}$ in $Cr^{···}$ und vor der Oxydation des $Ti^{···}$ erkennbar machen.

Aluminium wird zweckmäßig als Rest berechnet. Ob und in welcher Weise seine Bestimmung mit Fluorid in Gegenwart von $Cr^{···}$, $Fe^{···}$, $Ti^{····}$ und $UO_2^{··}$ möglich ist, wurde noch nicht geprüft.

Dieser Analysengang ist noch nicht ideal. Er dürfte jedoch ein brauchbares Hilfsmittel sein, wenn für irgendeinen praktischen Fall eine potentiometrische Analysenvorschrift ausgearbeitet werden soll.

C. Anionen.

I. Einzelbestimmungen.

Chlorid, Bromid und Jodid (18). a) Fällungs- und Komplexbildungsreaktionen: Reaktion: $Cl' + Ag^{\cdot} = AgCl$.

Indicatorelektrode: Silber oder Silberelektrode zweiter Art.

Für diese Bestimmung gilt ebenso wie für die entsprechenden mit Bromid oder Jodid das bereits beim Silber Angeführte, so daß an dieser Stelle nur darauf verwiesen sei (s. S. 45).

$$\text{Reaktion: } 2\,Cl' + Hg^{\cdot\cdot} = HgCl_2.$$
Indicatorelektrode: Silberchlorid.

In der gleichen Weise wie Mercuriionen mit Chlorid potentiometrisch an einer Silberchloridelektrode titriert werden können, lassen sich umgekehrt auch Chlorionen mit Mercuriionen bestimmen. Dasselbe gilt für die Bestimmung von Jodid an einer Silberjodidelektrode.

b) Oxydations/Reduktionsreaktionen:

$$\text{Reaktion: } MnO_4' + 8\,H^{\cdot} + 5\,J' = Mn^{\cdot\cdot} + 5\,J + 4\,H_2O.$$
Indicatorelektrode: Platin.

Diese Titration liefert in schwefelsaurer Lösung bei einem deutlichen Potentialsprung sehr gute Werte. An Stelle von Permanganat kann in salzsaurer Lösung auch Chromat verwendet werden. Die Potentialeinstellung ist dann jedoch nicht so prompt. Nach Kolthoff beträgt die Genauigkeit $\pm$ 0,4%. — In Gegenwart von Bromid ist der Potentialsprung kleiner und die erreichbare Genauigkeit geringer. Der Fehler beträgt bei 2 g KBr in 25 ccm 0,1 Jodidlösung 0,8—1%, bei 1 g KBr etwa 0,6—0,8%.

$$\text{Reaktion: } 2\,MnO_4' + 11\,H^{\cdot} + 5\,HCN + 5\,Br'$$
$$= 2\,Mn^{\cdot\cdot} + 8\,H_2O + 5\,BrCN \ (75).$$
Indicatorelektrode: Platin.

Im Gegensatz zu der Reaktion zwischen Permanganat und Jodid verläuft die Oxydation von Bromid mit Permanganat nicht vollständig von links nach rechts. Dies läßt sich jedoch erreichen, wenn man der zu untersuchenden Lösung Blausäure zusetzt, die mit dem freigemachten Brom Bromcyan bildet, das Brom also aus dem Gleichgewicht entfernt. Die Titrationen werden von Willard und Fenwick mit 0,1 n-Bromidlösungen ausgeführt, denen je 10 ccm 5 ccm 10%ige KCN-Lösung und

5 ccm Salzsäure vom spez. Gewicht 1,19 zugesetzt waren. Der Sprung ist nur klein aber deutlich zu erkennen. Er wird durch die Gegenwart von Chlorionen nicht beeinflußt. Bringt man bei der Titration mit 0,1 n-Permanganatlösung eine Korrektur von — 0,1 ccm an, dann ist der Fehler höchstens 0,4 mg Brom.

Rhodanid. a) Fällungs- und Komplexbildungsreaktionen:
$$\text{Reaktion}: CNS' + Ag^{\cdot} = AgCNS.$$
Indicatorelektrode: Silber oder Silberjodid.

Die Titration liefert sehr genaue Resultate. Die umgekehrte Bestimmung ist bereits an anderer Stelle beschrieben worden (s. S. 45).

b) Oxydations/Reduktionsreaktionen:
$$\text{Reaktion}: CNS' + 4\,BrO' + 2\,OH' = CNO' + SO_4'' + 4\,Br' + H_2O \quad (76).$$
Indicatorelektrode: Platin.

Die Bestimmung ist mit guter Genauigkeit durchzuführen. Das Ende der Reaktion wird durch einen deutlichen Potentialsprung angezeigt.
$$\text{Reaktion}: 5\,CNS' + 8\,MnO_4' + 14\,H^{\cdot} = 5\,CNO' + 5\,SO_4'' + 7\,H_2O.$$
Indicatorelektrode: Platin.

Bei dieser Titration wurden in schwefelsaurer Lösung sehr genaue Ergebnisse erhalten.

Fluorid. $\text{Reaktion}: Ce^{\cdots} + 3\,F' = CeF_3$ (77).
Indicatorelektrode: Platin.

Bei dieser Titration verwendet man zur Indizierung des Endpunktes das Gleichgewichtspotential Ferricyanid/Ferrocyanid. Zu der zu untersuchenden Lösung gibt man etwas einer Aufschlämmung des sehr schwer löslichen Cero-Kalium-Ferrocyanids und etwas Kalium-Ferricyanid hinzu. Durch die Änderung der Ceroionenkonzentration im Verlaufe der Titration ändert sich auch die Konzentration an Ferrocyanionen, da ja beide über das Cero-Kalium-Ferrocyanid nach dem Massenwirkungsgesetz im Gleichgewicht stehen, und daher wird das Ende der Titration an einer Platinelektrode durch die „sprunghafte" Veränderung des Verhältnisses von Ferro- zu Ferricyanionen und damit auch des Gleichgewichtspotentials angezeigt.

Man kann in dieser Weise 0,1—50 mg Fluor gut und genau bestimmen, wenn wenig Fremdsalze zugegen sind, die Lösung etwa 50% ig an Alkohol ist und bei einer Temperatur von 69—71° titriert wird. Der Potentialsprung ist ziemlich klein. Er beträgt je nach der Menge des titrierten Fluors 20—90 Millivolt.

Es sei ferner auf die Bestimmungen von Al, Mg und Fe mit Natriumfluorid verwiesen (s. S. 53 und 57).

Cyanid. a) Fällungs- und Komplexbildungsreaktionen:

Reaktion: $CN' + Ag^. = AgCN$.

Indicatorelektrode: Silber oder Silbersulfid.

Bei dieser Titration treten wie bei der umgekehrten von Silber- mit Cyanionen zwei Sprünge auf: Der erste nach der Bildung von $Ag(CN)_2'$ und der zweite nach der quantitativen Fällung der Cyanionen als Silbercyanid. Man titriert bis zum zweiten Sprung und erhält gute Resultate.

b) Oxydations/Reduktionsreaktionen:

Reaktion: $CN' + Cl_2 = CNCl + Cl'$ (78).

Indicatorelektrode: Platin.

Nach dieser Reaktion kann man Cyanionen potentiometrisch mit Chlorwasser mit guter Genauigkeit titrieren. Außer mit Chlor reagieren auch Brom und Jod in gleicher Weise unter Bildung von Brom- und Jodcyan. Als Maßlösung können bei der Verwendung von Jod auch Lösungen angewendet werden, die außerdem Kaliumjodid enthalten. Der Potentialsprung ist bei der Anwendung von Chlor am größten und bei Jod am kleinsten, aber noch deutlich zu erkennen. Die Umschlagspotentiale betragen bei der Titration mit Chlor: + 790 Millivolt, mit Brom: + 580 Millivolt und mit Jod: + 220 Millivolt.

Ferrocyanid. a) Fällungs- und Komplexbildungsreaktionen:

Reaktion: $Fe(CN)_6'''' + 2\,Cd^{..} = Cd_2Fe(CN)_6$.

Indicatorelektrode: Platin.

Für die Bestimmung von Ferrocyanid kann eine Lösung eines Metalls verwendet werden, dessen Bestimmung umgekehrt mit Ferrocyanid potentiometrisch möglich ist, also z. B. $Cd^{..}$ oder $Pb^{..}$.

b) Oxydations/Reduktionsreaktionen:

Reaktion: $5\,Fe(CN)_6'''' + MnO_4' + 8\,H^. = Fe(CN)_6''' + Mn^{..} + 4\,H_2O$

Indicatorelektrode: Platin. (79).

Die potentiometrische Titration von Ferrocyanid mit Permanganat in saurer Lösung liefert sehr genaue Werte. Um die störende Abscheidung von $MnK_2Fe(CN)_6$ zu verhüten, muß die Lösung genügend Schwefelsäure enthalten, und zwar auf 200 ccm mindestens 25 ccm 4 n-H_2SO_4.

Ferricyanid. Reaktion: $SbO_3''' + 2\,OH' + 2\,Fe(CN)_6'''$
$$= SbO_4''' + H_2O + 2\,Fe(CN)_6''''\ (80).$$

Indicatorelektrode: Platin.

Die potentiometrische Titration nach dieser Gleichung kann in etwa 50% NaOH enthaltenden Lösungen bei 70° mit guter Genauigkeit ausgeführt werden. Als Reduktionsmittel können außer SbO_3''' auch AsO_3''' und SnO_2'' verwendet werden. Man muß unter Luftausschluß titrieren.

Reaktion: $2\ Fe(CN)_6''' + Sn^{\cdot\cdot} = 2\ Fe(CN)_6'''' + Sn^{\cdot\cdot\cdot\cdot}$ (41).
Indicatorelektrode: Platin.

Ferricyanid kann in salzsaurer Lösung auch mit $Sn^{\cdot\cdot}$ potentiometrisch titriert werden. Die Lösung muß mindestens 10% freie Salzsäure enthalten, um die Ausscheidung von Stanni-Ferrocyanid zu verhindern.

Jodat. a) Fällungs- und Komplexbildungsreaktionen:
Reaktion: $JO_3' + Ag^{\cdot} = AgJO_3$.
Indicatorelektrode: Silber oder Silberjodid.

Wegen des großen Löslichkeitsproduktes von Silberjodat $K_L = 0,92 \cdot 10^{-8}$ ergibt sich nur ein ziemlich flacher Potentialsprung, der jedoch noch zu einer genauen Bestimmung ausgewertet werden kann.

b) Oxydations/Reduktionsreaktionen:
Reaktion: $JO_3' + 6\ H^{\cdot} + 5\ J' = 3\ J_2 + 3\ H_2O$ (81).
Indicatorelektrode: Platin.

Die Titration von Jodat mit Kaliumjodidlösungen liefert in schwefelsaurer Lösung noch in starker Verdünnung sehr genaue Werte. Salzsäure darf nicht zugegen sein.

Perjodat. Reaktion: $JO_4' + 7\ J' + 8\ H^{\cdot} = 4\ J_2 + 4\ H_2O$ (81).
Indicatorelektrode: Platin.

Bei dieser Titration erhält man wie bei der analogen von Jodat sehr genaue Resultate, wenn man mit schwefelsaurer Lösung arbeitet. Salzsäure stört auch bei dieser Bestimmung.

Bromat. Reaktion: $BrO_3' + 3\ AsO_2H + 3\ H_2O = Br' + 3\ AsO_4H_3$.
Indicatorelektrode: Platin.

Man säuert die Lösung stark mit Salzsäure an und titriert sie dann mit arseniger Säure. Großer und deutlicher Potentialsprung.

Hypobromit. Reaktion: $BrO' + HAsO_2 + H_2O = Br' + H_3AsO_4$ (82).
Indicatorelektrode: Platin.

Bei dieser Titration werden noch in sehr verdünnten Lösungen gute Resultate erhalten. Die Lösung von Hypobromit soll etwa 0,5—1 n an OH-Ionen sein.

Chlorat. Reaktion: $ClO_3' + 6\ Ti^{\cdot\cdot\cdot} + 6\ H^{\cdot} = Cl' + 6\ Ti^{\cdot\cdot\cdot\cdot} + 3\ H_2O$ (83).
Indicatorelektrode: Platin.

In schwefelsaurer Lösung (1 n bis 4 n) erhält man bei dieser Titration am Äquivalenzpunkt einen sehr großen Potentialsprung von etwa 1 Volt.

Hypochlorit. Reaktion: $ClO' + HAsO_2 + H_2O = Cl' + H_2AsO_4' + H^{\cdot}$ (82).
Indicatorelektrode: Platin.

Für diese Bestimmung gelten die gleichen Angaben, die für die analoge Titration des Hypobromits gemacht wurden.

$$\text{Reaktion: } ClO' + SO_3'' = Cl' + SO_4'' \quad (84).$$

Indicatorelektrode: Platin.

Bei dieser Titration tritt genau im Äquivalenzpunkt ein Potentialsprung auf, dessen Größe und Schärfe jedoch mit ansteigender OH'-Konzentration abnimmt. Die Lösungen sollen daher nicht zu stark alkalisch sein.

$$\text{Reaktion: } ClO' + H_2O_2 = Cl' + H_2O + O_2 \quad (85).$$

Indicatorelektrode: Platin.

Titriert man mit einer schwefelsauren Lösung von Wasserstoffsuperoxyd, so muß die Lösung soviel Alkali enthalten, daß sie im Verlaufe der Titration nicht neutralisiert und schließlich sauer wird, da sich auch dieser Vorgang durch einen Potentialsprung kenntlich macht.

Chromat. Die Bestimmungsmethoden des Chromates sind bereits unter Chrom besprochen worden (s. S. 54).

Oxalsäure.

Reaktion: $5\,(COOH)_2 + 2\,MnO_4' + 6\,H^{\cdot} = 2\,Mn^{\cdot\cdot} + 10\,CO_2 + 8\,H_2O$.
Indicatorelektrode: Platin.

Oxalsäure und Oxalate können in schwefelsaurer Lösung mit Permanganat auch potentiometrisch titriert werden. Man arbeitet mit Lösungen von 70—80° C. Die Ergebnisse sind sehr genau.

Salpetrige Säure.

Reaktion: $NO_2' + Fe(CN)_6'''' + 2\,H^{\cdot} = NO + Fe(CN)_6''' + H_2O$ (86).
Indicatorelektrode: Platin.

Die Reaktion läßt sich für die potentiometrische Bestimmung von Nitriten verwenden, jedoch muß man mit der Nitritlösung in die Lösung von Ferrocyankalium titrieren, um Verluste an salpetriger Säure in den sauren Lösungen zu vermeiden. Es tritt ein kleiner aber deutlicher Potentialsprung auf.

Perphosphat. Reaktion: $P_2O_8'''' + SO_3'' + H_2O$
$$= 2\,PO_4''' + SO_4'' + 2\,H^{\cdot}.$$
Indicatorelektrode: Platin.

Perphosphate, die in saurer Lösung eine Monopersäure H_3PO_5 liefern, lassen sich mit Natriumsulfitlösungen sehr genau titrieren. Die als Maßlösung verwendete Natriumsulfitlösung kann durch Zusatz von 5% 96%igem Alkohol haltbarer gemacht werden.

Sulfat. Reaktion: $C_{12}H_8(NH_2)_2 \cdot 2\,HCl + SO_4''$
$$= C_{12}H_8(NH_2)_2 \cdot H_2SO_4 + 2\,Cl' \quad (87).$$
Indicatorelektrode: Platin.

In die Lösung, welche Schwefelsäure oder das zu bestimmende Sulfat enthält, und die auf ein möglichst kleines Volumen (30—50 ccm) beschränkt wird, läßt man aus einer Bürette eine bestimmte Menge gestellter 0,1 m-Benzidinlösung, die 3% Salzsäure enthält, fließen. Nach kurzer Pause fügt man noch eine kleine Menge, etwa 1 ccm, hinzu. Sofern keine neue Trübung auftritt, ist sicher ein Überschuß an Benzidin vorhanden. Nach 10—15 Minuten ist die Ausfällung von Benzidinsulfat beendet, und der Niederschlag hat sich am Boden abgesetzt. Der gebildete Niederschlag wird abfiltriert und mit kaltem Wasser ausgewaschen. Sowohl das Filtrieren als auch das Auswaschen läßt sich wegen der kristallinen Form des Niederschlages sehr leicht und ohne Verlust an überschüssigem Benzidin ausführen.

Das Filtrat mit dem Überschuß an Benzidin wird mit 10 ccm konz. Salzsäure versetzt und auf 100 ccm gebracht. Hierauf wird mit 0,1 m-Kaliumnitritlösung bei $60°$ potentiometrisch titriert. 2 ccm 0,1 m-KNO_2-Lösung entsprechen 1 ccm 0,1 m-Benzidinlösung. Als Elektrodenpaar dient das Paar Platin/Silberjodid.

Bei kleinen Sulfatmengen muß man die Bürettenablesung auf 0,05 ccm genau vornehmen. Dann ist der Fehler nicht merklich. Übersteigt die Menge Schwefelsäure 0,2—0,3 g, dann ist der Fehler auch für Ablesungen von 0,1 ccm nur gering.

Sulfid. a) Fällungs- und Komplexbildungsreaktionen:
$$S'' + 2\,Ag^{\cdot} = Ag_2S \quad (21).$$
Indicatorelektrode: Silbersulfid.

Sulfidionen können in Lösungen, die etwa 20 ccm 2 n-Natriumacetat enthalten, genau mit Silberionen bestimmt werden. Wenn man genügend schnell titriert, kann dafür auch Silbernitrat verwendet werden. Die Lösungen dürfen nicht sauer, aber auch nicht zu stark alkalisch sein.

Thiosulfat. Reaktion: $Hg^{\cdot\cdot} + 2\,S_2O_3'' = Hg(S_2O_3)_2''$ (88).
Indicatorelektrode: Verquecksilberter Platindraht.

Nach Beendigung obiger Reaktion tritt genau im Äquivalenzpunkt ein deutlicher Potentialsprung auf. Die Lösung darf kein freies Alkali enthalten.

Sulfit. Reaktion: $SO_3'' + BrO' = SO_4'' + Br'$ (76).
Indicatorelektrode: Platin.

Die Bestimmung ist genau. Um Hypobromitlösungen längere Zeit haltbar zu machen, versetzt man sie mit soviel NaOH, daß sie etwa 0,5 n an OH' ist.

Hydrosulfit. Reaktion: $S_2O_4'' + 2\,Fe(CN)_6''' + 4\,OH'$
$$= 2\,SO_3'' + 2\,Fe(CN)_6'''' + 2\,H_2O \quad (89).$$

Man titriert unter Luftabschluß bei 20° in ätzalkalischer Lösung und erhält genau im Äquivalenzpunkt einen großen Potentialsprung.

Persulfat. Reaktion: $S_2O_8'' + 2\,Fe^{..} = 2\,SO_4'' + 2\,Fe^{...}$ (90).
Indicatorelektrode: Platin.

Bei dieser Titration erhält man einen guten und richtig gelegenen Sprung, wenn man sehr langsam bei 50° und in Gegenwart einer Spur Jodkalium als Katalysator arbeitet.

Tri- und Tetrathionat (91). An einer Silberelektrode können Tri- wie Tetrathionat bei 70° unter Zusatz von Natriumacetat mit Silbernitratlösung potentiometrisch titriert werden. Die Potentiale stellen sich prompt ein, der Endpunkt ist scharf.

Carosche Säure.
Reaktion: $SO_5'' + 2\,H^. + 2\,Fe^{..} = SO_4'' + H_2O + 2\,Fe^{...}$.
Indicatorelektrode: Platin.

Die Titration von Caroscher Säure mit Ferrosulfat gelingt nur in Gegenwart von $MnSO_4$. H_2O_2 darf nicht zugegen sein.

Selenige und Selensäure.
Reaktion: $SeO_3'' + 6\,H^. + 4\,Ti^{...} = Se + 3\,H_2O + 4\,Ti^{....}$ (92),
$SeO_4'' + 8\,H^. + 6\,Ti^{...} = Se + 4\,H_2O + 6\,Ti^{....}$.
Indicatorelektrode: Platin.

Die potentiometrische Titration von seleniger Säure und Selensäure mit $TiCl_3$-Lösungen wird bei 50° in einer Lösung durchgeführt, die mindestens 10% freie Salzsäure und einen Zusatz von Kochsalz zwecks Koagulation des ausgeschiedenen Selens enthält.

Reaktion: $SeO_3'' + 6\,H^. + 4\,S_2O_3'' = Se + 3\,H_2O + 2\,S_4O_6''$ (93).

Die Titration soll bei 3° C in salzsaurer Lösung erfolgen. Die Größe des Sprunges wächst mit der Menge der anwesenden Salzsäure. Die Indicatorelektrode aus Platin muß vor ihrer Verwendung zunächst 10 Minuten lang mit etwa 1 Ampere anodisch und anschließend $^1/_2$ Sekunde kathodisch in 2 n-Schwefelsäure polarisiert werden.

Tellurige und Tellursäure.
Reaktion: $TeO_3'' + 6\,H^. + 4\,Ti^{...} = Te + 3\,H_2O + 4\,Ti^{....}$ (92),
$TeO_4'' + 8\,H^. + 6\,Ti^{...} = Te + 4\,H_2O + 6\,Ti^{....}$.
Indicatorelektrode: Platin.

Für diese Bestimmung gilt das gleiche wie für die oben angeführte analoge Bestimmung der selenigen Säure und Selensäure.

Reaktionen: $3\,TeO_3'' + 8\,H^. + 2\,HCrO_4' = 2\,Cr^{...} + 3\,TeO_4'' + 5\,H_2O$
Indicatorelektrode: Platin.
(94).

Diese Reaktion kann für die Bestimmung von telluriger Säure in der Weise verwendet werden, daß man die schwefelsaure Lösung mit einem Überschuß gestellter Bichromatlösung versetzt und den Überschuß potentiometrisch mit Ferrosulfat zurücktitriert. Selenige Säure stört dabei nicht.

Wasserstoffsuperoxyd.
Reaktion: $5\,H_2O_2 + 2\,MnO_4' + 6\,H^{\cdot} = 2\,Mn^{\cdot\cdot} + 8\,H_2O + 5\,O_2$.
Indicatorelektrode: Platin.

Wasserstoffsuperoxyd kann in saurer Lösung (Schwefelsäure oder Salpetersäure) mit Permanganat genau titriert werden. Carosche Säure darf nicht zugegen sein.

$$\text{Reaktion: } Br_2 + H_2O_2 = 2\,HBr + O_2 \quad (90).$$
Indicatorelektrode: Platin.

Als Maßflüssigkeit verwendet man eine Lösung von 8 g Brom und 119 g KBr in 1 Liter Wasser. Damit kann Wasserstoffsuperoxyd potentiometrisch mit gutem Sprung titriert werden, wenn die Acidität der Lösung gering ist oder wenn man mit Natriumacetat abstumpft.

II. Bestimmung mehrerer Anionen nebeneinander.

Jodid und Bromid (18). Die Bestimmung der beiden Halogene gelingt wie ihre Einzelbestimmung auch nebeneinander mit Silbernitrat, wenn die Lösung 5% Bariumnitrat enthält. Man erhält gute Ergebnisse, wenn man langsam titriert und für gute Rührung sorgt.

Jodid und Chlorid (18). Für diese Bestimmung mit Silbernitrat gilt das gleiche wie für die Titration von Jodid und Bromid nebeneinander. Der Zwischensprung ist aber größer.

Bromid und Chlorid (18). Bromid und Chlorid lassen sich nebeneinander nicht genau titrieren. Liegen beide Ionen in gleicher Konzentration vor, so ergibt sich bei der Titration mit Silbernitratlösung ein Fehler von 1%, und zwar für Brom zu viel, für Chlor zu wenig. Der Fehler nimmt mit wachsender Chlorionenkonzentration zu und fällt mit zunehmender Bromionenkonzentration. Er kann vernachlässigt werden, wenn die Konzentration an Bromionen fünfmal so groß ist wie die der Chlorionen.

Jodid, Bromid und Chlorid (18). Welche Möglichkeiten für die Bestimmung der drei Halogene nebeneinander mit Silbernitratlösung vorhanden sind, ergibt sich aus dem, was für die Bestimmung von je zweien dieser Halogene festgestellt wurde. Enthält die Lösung 5% Bariumnitrat, so kann bei der Titration mit Silbernitratlösung das Jodid auch noch bei kleinen Konzentrationen genau bestimmt werden, das Bromid und Chlorid aber nur mit den oben angeführten Einschränkungen (s. Bromid und Chlorid).

Halogene und Rhodanid (95). Da sich die Löslichkeitsprodukte von Silberrhodanid und Silberbromid nur sehr wenig unterscheiden, ist eine Bestimmung von Rhodanid und Bromid nebeneinander nicht möglich. Man kann nur die Summe genau ermitteln, wenn die Lösung wieder 5% Bariumnitrat enthält.

Für die Bestimmung neben Jodid und Chlorid mit Silbernitrat gilt für das Rhodanid das gleiche wie für das Bromid. Jodid und Rhodanid lassen sich also mit guter Genauigkeit nebeneinander bestimmen, wenn die Lösung 5% Bariumnitrat enthält, Rhodanid und Chlorid dagegen nur bedingt, je nach dem Verhältnis ihrer Konzentrationen. Dasselbe gilt auch für die Bestimmung von Jodid, Rhodanid und Chlorid nebeneinander.

Cyanid und die Halogene (95). Titriert man eine Lösung, die Cyanid, Jodid, Bromid, Rhodanid und Chlorid enthält, mit Silbernitrat, so erfolgt ein erster Sprung, wenn alles Cyan in $Ag(CN)_2'$ übergeführt ist, ein zweiter, wenn das Jodid als AgJ quantitativ gebunden ist und schließlich ein dritter, wenn Cyanid, Bromid, Rhodanid und Chlorid zusammen als schwerlösliche Silbersalze aus der Lösung entfernt sind. Man kann also Cyanid, Jodid und die Summe der übrigen Halogene und des Rhodans bestimmen. Als Indicatorelektrode verwendet man zweckmäßig die Silbersulfidelektrode. Der Verbrauch von a ccm Silbernitratlösung entspricht der Bildung von $Ag(CN)_2'$, der von b ccm der Bildung von AgJ und der von c ccm der Bildung von $AgBr$, $AgCNS$, $AgCN$ und $AgCl$. Sie Summe von Br', CNS' und Cl' ergibt sich danach aus der Differenz $c - a$ ccm Silbernitratlösung.

Jodat und Jodid. Die Bestimmung gelingt mit Silbernitrat, da die Löslichkeitsprodukte von Silberjodat und Silberjodid sehr unterschiedlich sind. Ein erster großer Potentialsprung tritt nach der Fällung des Silberjodids, ein zweiter nur sehr kleiner und ziemlich flacher Sprung nach der quantitativen Bildung von Silberjodat auf. Ist die Jodatkonzentration nicht zu klein, so kann der Äquivalenzpunkt an dem Maximum des Richtungskoeffizienten noch deutlich erkannt werden.

Bromat und Hypobromit (82). Man titriert zunächst in alkalischer Lösung das Hypobromit mit As_2O_3-Lösung. Dann wird mit Salzsäure angesäuert und das Bromat ebenfalls durch Titration mit As_2O_3-Lösung bestimmt. Indicatorelektrode ist Platin (vgl. auch Chlorat und Hypochlorit).

Chlorat und Hypochlorit (82). Man titriert auch hier zunächst das Hypochlorit in nicht zu stark alkalischer Lösung mit As_2O_3-Lösung. Dann wird angesäuert und das Chlorat anschließend ebenfalls mit

As_2O_3-Lösung titriert. — Da beim Ansäuern der Lösungen von Chlorat und Bromat leicht Verluste an Chlor oder Brom eintreten können, empfiehlt es sich, die Lösungen nach der Titration des Hypochlorits oder Hypobromits mit einem gemessenen Überschuß gestellter As_2O_3-Lösung zu versetzen, dann erst stark mit konz. Salzsäure anzusäuern und den Überschuß an As_2O_3 schließlich mit Bromatlösung zurückzutitrieren.

Hypochlorit und Chlorit (97). Man titriert zunächst in alkalischer Lösung das Hypochlorit mit Natriumsulfit (s. dort), setzt dann Kaliumjodid im Überschuß hinzu, säuert mit Salzsäure an und titriert das nach halbstündigem Stehen im Dunkeln abgeschiedene Jod mit Thiosulfat.

Chromat und Ferricyanid. Die Bestimmung kann nebeneinander mit $TiCl_3$-Lösungen durchgeführt werden (40), wenn die Lösung wenigstens 7% freie Salzsäure enthält. Der erste Sprung tritt nach der Reduktion des Chromates zu $Cr^{\cdots}$, der zweite nach der Reduktion von Ferricyanid zu Ferrocyanid auf. Die Bestimmungen sind genau. — In alkalischer Lösung können Ferricyanid und Chromat mit $VOSO_4$-Lösungen nebeneinander bestimmt werden (96). Die beiden Reaktionen

$$Fe(CN)_6''' + VO^{\cdot\cdot} + 4\,OH' = Fe(CN)_6'''' + VO_3' + 2\,H_2O \qquad \text{und}$$
$$CrO_4'' + 3\,VO^{\cdot\cdot} + 7\,OH' = Cr(OH)_3 + 3\,VO_3' + 2\,H_2O$$

verlaufen derart nacheinander, daß die Bestimmung in einem Arbeitsgange möglich ist. Die Lösung, die eine Alkalität von 13 bis 18% haben soll, wird unter Luftausschluß bei 50 bis $70°$ titriert. Indicatorelektrode ist Platin.

Thiosulfat und Sulfid. In einer Lösung von Thiosulfat und Sulfid erhält man bei der Titration mit Sublimatlösung einen ersten Sprung nach der Bildung von HgS, einen zweiten nach der Bildung von $Hg(S_2O_3)_2''$, wenn die Lösung kein freies Alkali enthält. Ist dies der Fall, so fällt der zweite Sprung fort.

Wasserstoffsuperoxyd und Carosche Säure. Man versetzt die schwefelsaure Lösung mit überschüssigem KBr und titriert das von der Caroschen Säure freigemachte Brom mit As_2O_3-Lösung. Dann stumpft man die Säure mit Natriumacetat ab und titriert anschließend das H_2O_2 mit einer Lösung von 8 g Br und 119 g KBr im Liter. Es tritt ein deutlicher Potentialsprung am Äquivalenzpunkt auf.

D. Acidimetrische Bestimmungen.

In der Acidimetrie handelt es sich um Vorgänge, die mit einer Änderung der Wasserstoffionenkonzentration während einer Titration verbunden sind. Verfügt man also über eine Indicatorelektrode, die auf die Wasserstoffionen in einer Lösung konzentrationsrichtig und momentan anspricht, so können solche Titrationen auch potentiometrisch durchgeführt werden. Über geeignete Indicatorelektroden ist an anderer Stelle bereits ausführlich berichtet worden, so daß hier nur darauf verwiesen sei (s. S. 33).

Als Maßlösungen verwendet man in der Acidimetrie Lösungen von Natronlauge und Salzsäure, also starke Basen und starke Säuren.

a) Starke Säuren und starke Basen.

Titriert man eine starke Base mit einer starken Säure oder umgekehrt, so ist die einzige dabei stattfindende chemische Reaktion die Bildung von Wasser aus Wasserstoff- und OH-Ionen. Der Äquivalenzpunkt fällt mit den Neutralpunkt zusammen. Einen Tropfen vor oder nach der Erreichung des Äquivalenzpunktes ist die Lösung entweder sauer oder alkalisch, da die Pufferwirkung gleich Null ist und die verdünnten Lösungen starker Elektrolyte praktisch zu 100% dissoziiert sind. Die auftretenden Potentialdifferenzen sind also den Konzentrationsunterschieden direkt proportional, und der Potentialsprung am Äquivalenzpunkt hat seinen maximalen Wert. Fehlt also z. B. bei einem Volumen der zu untersuchenden Lösung von 200 ccm noch 1 Tropfen einer 0,1 n-NaOH = 0,03 ccm bis zur Erreichung des Äquivalenzpunktes, so ist die Wasserstoffionenkonzentration

$$[H^\cdot] = 5 \cdot 3 \cdot 10^{-6} = 1,6 \cdot 10^{-5} \text{ Mol/l}.$$

Ist ein Tropfen 0,1 n-NaOH über den Äquivalenzpunkt hinaus in der Lösung, so ist

$$[OH'] = 5 \cdot 3 \cdot 10^{-6} = 1,5 \cdot 10^{-5} \text{ Mol/l}.$$

In wässeriger Lösung ist nun aber immer

$$[H^\cdot] \cdot [OH'] = 10^{-14}$$

d. h. bei einer OH'-Konzentration von $1,5 \cdot 10^{-5}$ ist die Wasserstoffionenkonzentration

$$[H^\cdot] = \frac{10^{-14}}{1,5 \cdot 10^{-5}} = 6,66 \cdot 10^{-10} \text{ Mol/l}.$$

Dies entspricht nach der Nernstschen Formel bei 18° einer Potentialänderung um

$$E = 0,0577 \cdot \log \frac{1,5 \cdot 10^{-5}}{6,66 \cdot 10^{-10}} = 0,0577 \cdot \log 2,25 \cdot 10^{+4},$$

also etwa 0,232 Volt.

Verwendet man verdünntere Maßlösungen, so ist der Potentialsprung natürlich kleiner, bei konzentrierteren dementsprechend größer.

b) Schwache Säuren.

Bei der Titration schwacher Säuren mit starken Basen liegen die Verhältnisse anders. Titriert man z. B. Essigsäure mit Natronlauge, so liegt am Äquivalenzpunkt eine Lösung von Natriumacetat vor. Diese reagiert aber bekanntlich alkalisch als Salz einer schwachen Säure mit einer starken Base. Hierbei fallen also der Äquivalenzpunkt und der Neutralpunkt nicht mehr zusammen. Für die potentiometrische Titration von besonderem Belang ist jedoch, daß auch der Potentialsprung kleiner wird, da die Lösungen mehr oder weniger stark gepuffert sind. Fehlt bei der Titration von Essigsäure z. B. wieder bei einem Volumen der zu untersuchenden Lösung von 200 ccm noch ein Tropfen 0,1 n-NaOH bis zur Erreichung des Äquivalenzpunktes, so ist die Wasserstoffionenkonzentration jetzt nicht mehr $1,5 \cdot 10^{-5}$ Mol/l, sondern sie ist kleiner. Dies geht aus folgendem hervor:

Nach dem Massenwirkungsgesetz gilt für eine wässerige Lösung einer schwachen Säure HS:

$$\frac{[H^{\cdot}] \, [S']}{[HS]} = K_1 \, ,$$

worin K_1 die Dissoziationskonstante der Säure darstellt. Da eine schwache Säure nur wenig dissoziiert ist, können wir die einen Tropfen vor der Erreichung des Äquivalenzpunktes noch vorhandene Säuremenge gleich der Konzentration an undisoziierter Säure HS setzen, also

$$[HS] = 1,5 \cdot 10^{-5} \text{ Mol/l} \, .$$

Dann ist ferner

$$[H^{\cdot}] = K_1 \cdot \frac{1,5 \cdot 10^{-5}}{S'} \, ,$$

d. h. die Wasserstoffionenkonzentration ist außer von der Dissoziationskonstanten der Säure auch von der Konzentration der Lösung an Anionen dieser Säure abhängig. Da man aber annehmen kann, daß die Natriumsalze schwacher Säuren in wässeriger Lösung vollkommen dissoziiert sind, so ist die Konzentration an Anionen auch gleich der Konzentration des Salzes. Ist diese nun bei unserem Beispiel der Titration von Essigsäure mit Natronlauge 1 Tropfen vor der Erreichung des Äquivalenzpunktes etwa 0,01 n, so berechnet sich die Wasserstoffionenkonzentration bei einer Dissoziationskonstanten der Essigsäure von $K_1 = 1,86 \cdot 10^{-5}$ zu

$$[H^{\cdot}] = 1,86 \cdot 10^{-5} \cdot \frac{1,5 \cdot 10^{-5}}{10^{-2}} = 2,8 \cdot 10^{-8} \text{ Mol/l} \, .$$

Einen Tropfen nach der Erreichung des Äquivalenzpunktes würde die Wasserstoffionenkonzentration wieder

$$[H^{\cdot}] = 6,66 \cdot 10^{-10}$$

betragen. Aus diesen Werten ergibt sich nach der Nernstschen Formel also eine Potentialdifferenz von

$$E = 0,0577 \cdot \log \frac{2,8 \cdot 10^{-8}}{6,66 \cdot 10^{-10}} = 0,057 \cdot \log 4,2 \cdot 10^1 \, ,$$

also von etwa 0,080 Volt.

Danach ergibt sich, daß der Potentialsprung bei der Titration einer schwachen Säure mit Natronlauge um so kleiner ausfallen wird, je kleiner die Dissoziationskonstante der Säure ist und damit auch die Grenze, wann eine schwache Säure nicht mehr potentiometrisch titriert werden kann.

c) Schwache Basen.

Im Prinzip gleichartig liegen die Verhältnisse bei der Titration schwacher Basen mit Salzsäure. Hierbei reagieren die entstehenden Salze sauer, und man kann in gleicher Weise berechnen, wie groß die Potentialsprünge ausfallen, wenn die Dissoziationskonstanten der schwachen Basen bekannt sind. Auch bei dieser Titration gibt es eine Grenze, bei welcher wegen einer zu kleinen Dissoziationskonstanten schwache Basen selbst mit starken Säuren nicht mehr bestimmt werden können.

Vielfach lassen sich aber schwache Säuren oder Basen auch in solchen Fällen potentiometrisch durch Ermittelung des maximalen Richtungskoeffizienten bestimmen, wo eine Titration mit Farbindicatoren nicht mehr möglich ist.

Von großem Vorteil ist bei der potentiometrischen Acidimetrie, daß es auch möglich ist, mehrere verschieden starke Säuren oder Basen nebeneinander zu titrieren, vorausgesetzt natürlich, daß die Unterschiede in den Dissoziationskonstanten genügend groß sind (vgl. S. 61). Da man aus dem Potentialverlauf bei einer Titration oftmals die Dissoziationskonstanten ermitteln kann, leistet die potentiometrische Acidimetrie auch bei der Identifizierung einer Säure häufig wertvolle Dienste.

Nach dem bisher Dargelegten ist es klar, welche Säuren oder Basen potentiometrisch titriert werden können, so daß an dieser Stelle nur noch auf einige Besonderheiten hingewiesen zu werden braucht. Mehrbasische Säuren können sich bei der Titration so verhalten, als ob mehrere verschieden starke Säuren nebeneinander vorliegen, was sich dann durch das Auftreten verschiedener Potentialsprünge kenntlich macht. Liegen jedoch die Dissoziationskonstanten nur sehr wenig auseinander, oder ist eine oder sind mehrere der Dissoziationskonstanten sehr klein, so kann der Fall eintreten, daß auch bei mehrbasischen Säuren — entsprechendes gilt für mehrsäurige Basen — nur ein Potentialsprung erscheint.

Dies gilt z. B. für die Schwefelsäure (98), die selenige Säure (93) und die Bernstein- sowie Weinsäure (98). Bei der Titration von Oxalsäure (98) ist der erste Sprung nur ganz schwach, selbst wenn man mit 1 n-Lösungen arbeitet, während der Äquivalenzpunkt für die Bildung von $Na_2C_2O_4$ durch einen deutlichen Potentialsprung angezeigt wird.

Bei der Titration der dreibasischen Orthophosphorsäure treten bei der Titration mit NaOH und unter Verwendung der Wasserstoffelektrode nur zwei Sprünge für die ersten beiden Stufen auf (98), während die Neutralisation des dritten H˙ nur an einer Chinhydronelektrode angezeigt werden soll (99).

Wichtig ist auch die potentiometrische Bestimmung von Natriumcarbonat in Ätzlaugen. Es handelt sich hierbei um die Titration zweier verschieden starker Basen, und es treten auch zwei Potentialsprünge auf: der erste nach der Neutralisation von NaOH und der zweite nach der Neutralisation von Na_2CO_3.

Bei der Bestimmung von Alkaloiden empfiehlt es sich — schon wegen der häufig vorkommenden Schwerlöslichkeit — sie indirekt zu titrieren, indem man einen gemessenen Überschuß gestellter Lauge oder Säure hinzugibt und den Überschuß dann zurücktitriert. Natürlich kann man auch direkt titrieren (100).

Dasselbe gilt für die Untersuchung von Salzen schwacher Säuren und schwacher Basen. Den Gehalt einer Lösung von Natriumacetat kann man potentiometrisch so bestimmen, daß man einen Überschuß an Salzsäure hinzufügt und dann mit NaOH zurücktitriert. Man kann aber auch direkt mit Salzsäure titrieren und erhält dann eine sogenannte Verdrängungskurve (98). Ein Potentialsprung tritt bei einer solchen Titration an der Stelle auf, wo sich das Salz der schwachen Säure vollständig mit HCl umgesetzt hat und die [H˙] von dem geringen Betrag der schwachen Säure auf den höheren der Salzsäure ansteigt.

$$CH_3COONa + HCl = CH_3COOH + NaCl.$$

Bei der Titration von Salzen schwacher Basen liegen die Verhältnisse ganz ähnlich, z. B. bei der Bestimmung von NH_4Cl mit NaOH. Auch in diesen Fällen kann sowohl direkt als auch indirekt titriert werden.

Technische Analysen.

A. Stahl, Eisen-Sorten und -Hüttenprodukte sowie -Erze.

Nickel im Stahl und Nickeleisen (101). Je nach dem Nickelgehalt
wird eine abgewogene Menge (etwa 0,1 g bei 40% Ni bis etwa 2,5 g
bei 0,6% Ni) des Stahles oder Nickeleisens in einem Philippsbecher
(500 ccm) in 50—75 ccm verdünnter Schwefelsäure (1 : 12 bis 1 : 6)
oder verdünnter Salpetersäure (1 : 12 bis 1 : 6) unter Erwärmen
gelöst. Ist verdünnte Schwefelsäure verwendet worden, so wird
nach der erfolgten Auflösung des Stahls mit 2—3 ccm konz.
Salpetersäure oxydiert. Die Stickoxyde werden durch Aufkochen entfernt. Zu der klaren Lösung des Stahls werden dann auf 1 g Einwage
4 g Weinsäure, in wenig Wasser gelöst, und darauf 50—80 ccm konz.
Ammoniak hinzugefügt. Nun wird die Lösung abgekühlt und in der
Kälte mit einer 0,1 n-Kaliumcyanidlösung bis zum Auftreten des
Potentialsprunges titriert. Als Indicatorelektrode dient die Silbersulfidelektrode, als Vergleichselektrode die stabilisierte Silberelektrode. Beide
werden gemeinsam in die zu untersuchende Lösung eingetaucht.

Der Potentialverlauf ist so, daß die ersten Tropfen Kaliumcyanidlösung eine kleine Änderung des Potentials bzw. der Zeigerstellung bewirken. Dann bleibt der Zeiger fast vollkommen stehen. Gegen das
Ende der Titration beginnt er langsam zu wandern. Der Endpunkt ist
dann erreicht, wenn bei Zugabe der gleichen Tropfenzahl Kaliumcyanidlösung (2—3 Tropfen) die Änderung des Potentials oder der Zeigerstellung am größten ist.

Geringe Mengen an Kobalt und Kupfer, wie sie in Stählen zumeist
vorkommen, stören die Titration nicht und werden mit als Ni gefunden.
Andere Legierungsbestandteile wie Chrom, Mangan, Vanadin, Molybdän,
Wolfram stören nicht, so daß also auch legierte Sonderstähle nach
dieser Vorschrift analysiert werden können. Die Bestimmung läßt sich
in sehr kurzer Zeit ausführen und liefert sehr genaue Werte.

Mangan im Stahl und Kobaltstahl (102). 1 g Stahl wird in 45 ccm
Schwefelsäure (1 : 4) unter Erwärmen gelöst. Darauf wird vom
Rückstand, der aus Kieselsäure und Kohlenstoff besteht, abfiltriert, der Rückstand mit 50 ccm heißem, schwefelsaurem Wasser
ausgewaschen und das Filtrat nunmehr mit 10 ccm Silbersulfat

(5 g auf 1000 ccm Wasser) und mit 30 ccm Ammoniumpersulfat (500 g auf 1000 ccm Wasser) versetzt. Dann wird die Lösung zum Sieden erhitzt. Um das überschüssige Ammoniumpersulfat zu zerstören, läßt man die Lösung solange sieden, bis die Sauerstoffentwicklung beendet ist und die Lösung zu stoßen beginnt. In die heiße Lösung taucht man nun das Elektrodenpaar Platin/Silberjodid und titriert mit 0,02 n-Natriumoxalatlösung auf Mangan. Da die Oxalsäure eine gewisse Zeit benötigt, um mit Permanganat zu reagieren, titriere man besonders zum Schluß sehr vorsichtig. Gegen das Ende der Titration beginnt der Zeiger zu wandern. Das Ende der Titration ist dann erreicht, wenn die Potentialänderung je zugesetztem Tropfen Oxalatlösung am größten ist. Enthält der Stahl Chrom, welches in der zu titrierenden Lösung als Chromat vorliegen würde, so titriert man mit der Natriumoxalatlösung solange, bis sich bei Zugabe eines Tropfens das Potential oder die Zeigerstellung nicht mehr ändert.

Bei wolframhaltigen Stählen oxydiert man nach dem Auflösen des Stahls in Schwefelsäure die Lösung mit 2 ccm konz. Salpetersäure, die man vorsichtig hinzufügt. Dann filtriert man wieder von dem Rückstand ab, der jetzt außer Kieselsäure und etwas Kohlenstoff auch noch Wolframsäure enthält. Bei solchen Stählen ist es notwendig, die Oxydation der Lösung mit Ammoniumpersulfat zweimal durchzuführen. Die erste Oxydation unterbricht man, wenn die Sauerstoffentwicklung aufgehört hat. Dann läßt man die Lösung etwas abkühlen, fügt nochmals die gleiche Menge Ammoniumpersulfat hinzu und behandelt die Lösung weiter wie oben.

Mangan und Chrom in Chrom- und Chromnickelstählen. Diese Bestimmung erfolgt in der gleichen Weise wie bei der nachfolgend beschriebenen Titration von Mangan, Chrom und Vanadin, nur daß auf das Vanadin keine Rücksicht zu nehmen ist. Man ermittelt nach der Oxydation mit Ammoniumpersulfat in Gegenwart von Silberionen zunächst das Mangan durch Titration mit 0,02 n-Natriumoxalatlösung, läßt darauf die Lösung abkühlen und titriert anschließend das Chrom mit einer Ferrosulfatlösung. Elektrodenpaar ist in beiden Fällen das Paar Platin/Silberjodid. — Vanadin darf natürlich nicht zugegen sein.

Mangan, Chrom und Vanadin nebeneinander in Sonderstählen. a) Wolframfreier Stahl. 1,0 g Stahl wird in 45 ccm Schwefelsäure (1 : 4) unter Erwärmen gelöst. Darauf wird vom Rückstand, der aus Kohlenstoff und Kieselsäure besteht, in einen Philippsbecher (500 ccm) abfiltriert, der Rückstand mit 50 ccm heißem, Schwefelsäure enthaltendem Wasser ausgewaschen und das Filtrat nunmehr mit 10 ccm Silbersulfat (5 g auf 1000 ccm Wasser) und mit 30 ccm Ammoniumpersulfat (500 g auf 1000 ccm Wasser) versetzt. Die Lösung wird zum Sieden erhitzt. Dabei entsteht zunächst — an der auftretenden Farbe erkenntlich — das Chromat, darauf vorübergehend die Rotfärbung der Pervanadinsäure und schließlich das Permanganat. Um das überschüssige Ammoniumpersulfat zu zerstören, läßt man die Lösung solange sieden, bis die Sauerstoffentwicklung beendet ist und die Lösung zu stoßen beginnt. In die heiße Lösung taucht man das Elektrodenpaar Platin/Silberjodid und titriert mit 0,02 n-Natriumoxalatlösung auf Mangan. Da die Oxalsäure eine gewisse Zeit benötigt, um mit Permanganat zu reagieren, titriere man besonders zum Schluß sehr vorsichtig. Gegen das Ende der Titration beginnt der Zeiger des Milliamperemeters zu wandern, und das wirkliche Ende der Titration ist dann erreicht, wenn bei Zusatz eines Tropfens Natriumoxalatlösung das Potential oder die Stellung des Zeigers sich nicht mehr ändern.

Nunmehr kühlt man die Lösung auf Zimmertemperatur ab und titriert anschließend in der gleichen Lösung mit 0,02 oder — bei größerem Gehalt der Lösung an Chrom und Vanadin — 0,1 n-Ferrosulfatlösung auf Chrom und Vanadin. Das Ende der Titration wird dadurch angezeigt, daß die Potentialänderung bei Zugabe eines Tropfens Ferrosulfatlösung den maximalen Wert überschritten hat. Da es vorkommen kann, daß der Ferrosulfatverbrauch etwas zu groß ausfällt, titriert man den eventuellen Überschuß mit Permanganatlösung in der Kälte zurück. Das Chrom liegt in der Lösung jetzt als $Cr^{\cdots}$ und das Vanadin in seiner vierwertigen Stufe vor.

Nun wird die Lösung wieder auf 70—80° erwärmt und sofort auf Vanadin mit 0,02 n-Kaliumpermanganatlösung titriert. Auch hier wird der Äquivalenzpunkt durch eine maximale Potentialänderung angezeigt. Elektrodenpaar ist in allen Fällen das Paar Platin/Silberjodid.

Der Verbrauch an Ferrosulfat ergibt die Summe von Cr und V, der Verbrauch an Permanganat den Gehalt an V allein. Aus der Differenz ergibt sich der Gehalt an Chrom.

b) **Wolframhaltiger Stahl.** 1 g Stahl wird in 45 ccm Schwefelsäure (1 : 4) in der Hitze gelöst. Wenn die Gasentwicklung beendet ist, läßt man die Lösung etwas abkühlen und oxydiert anschließend mit 2 ccm konz. Salpetersäure, die man vorsichtig hinzufügt. Zur vollständigen Oxydation, und um die Stickoxyde zu vertreiben, kocht man die Lösung 10—15 Minuten lang. Dann verdünnt man etwas, filtriert noch heiß vom Rückstand, der aus Kieselsäure, etwas Kohlenstoff und Wolframsäure besteht und außerdem etwas Vanadinsäure enthält. Der Rückstand wird mit heißem, schwefelsaurem Wasser ausgewaschen und später weiter verarbeitet.

Zu dem Filtrat (etwa 200 ccm) gibt man 30 ccm Ammoniumpersulfat (500 g auf 1000 ccm Wasser) und 10 ccm Silbernitrat (5 g auf 1000 ccm

Wasser) und erhitzt zum Sieden. Ist die Oxydation so weit beendet, daß die Sauerstoffentwicklung aufgehört hat, so läßt man die Lösung etwas abkühlen, fügt nochmals 30 ccm der Ammoniumpersulfatlösung hinzu und erhitzt wieder zum Sieden. Man kocht die Lösung solange, bis sie zu stoßen beginnt und titriert dann bei 70—80° das Permanganat mit Natriumoxalatlösung in der gleichen Weise wie beim wolframfreien Stahl. Darauf kann die Lösung erkalten.

In der Zwischenzeit wird das auf dem Filter zurückgebliebene Wolframoxyd mit 10 ccm heißer 2,5 n-Natronlauge auf dem Filter gelöst und mit heißem Wasser ausgewaschen. Auf dem Filter bleibt eine ganz geringe Menge von Eisenhydroxyd zurück. In das Filtrat gibt man etwa 5 g Ammonium- oder Natriumfluorid, schüttelt kräftig um und läßt etwa 5 Minuten stehen. Darauf säuert man mit 5 ccm 50% iger Schwefelsäure an und gibt das so behandelte Filtrat zu der ursprünglichen Lösung im Titrierbecher, zu der man vorher noch etwa 2 g Ammonium- oder Natriumfluorid zugesetzt hatte. Dann erfolgt die Titration der Summe von Chromat und Vanadat mit Ferrosulfat in der Kälte (vgl. wolframfreier Stahl).

Die Oxydation des Vanadyls erfolgt darauf durch Zugabe von 0,1 n-Kaliumpermanganatlösung unter Umschütteln bis zur deutlichen Rotfärbung. Nach etwa 2 Minuten wird das überschüssige Kaliumpermanganat durch vorsichtiges Eintropfen von Natriumnitritlösung (0,5 m) zerstört. Das überschüssige Natriumnitrit wiederum beseitigt man anschließend durch Versetzen der Lösung mit 5 g Harnstoff. Darauf bleibt die Lösung $^1/_4$ Stunde stehen. Dann wird das Vanadat erneut mit Ferrosulfat in der Kälte titriert. Die erste Titration mit Ferrosulfat ergibt die Summe von Chrom und Vanadin, während durch die zweite Titration mit Ferrosulfat das Vanadin allein bestimmt wird. Das Chrom berechnet man also aus der Differenz der beiden Titrationen.

Als Elektrodenpaar dient in allen Fällen das Paar Platin/Silberjodid.

Molybdän im Stahl (38). Die Bestimmungsmethode beruht darauf, daß man zunächst alle übrigen Legierungselemente mit Natronlauge abtrennt und in der nur noch Molybdän enthaltenden Lösung dieses reduktometrisch in saurer Lösung mit Zinnchlorür bestimmt.

Nach einer Vorschrift von W. Trzebiatowski ist der Aufschluß von Stahl in der Weise zu führen, daß man endgültig eine von Wolfram und anderen Schwermetallen freie, außer Molybdän evtl. noch Chrom und Vanadin enthaltende Lösung erhält.

Die entsprechend große Stahlprobe wird mit 30 ccm konz. Salzsäure und 10 ccm Wasser bis zum Ausscheiden des Wolframs als schwarzes Pulver erwärmt. Zu der heißen Lösung setzt man langsam 8 ccm konz. Salpetersäure hinzu und erwärmt solange zum Sieden, bis im Niederschlag die schwarzen Flecke der unzersetzten Carbide verschwinden. Die auf 20 ccm abgedampfte Lösung wird mit heißem Wasser bis auf 60 ccm verdünnt und nach dem Absitzen des Niederschlages filtriert. Nachgewaschen wird mit 2%iger Salzsäure. Das Filtrat verdampft man möglichst weit und bringt den Rückstand von Sirupkonsistenz in einen eisernen Tiegel, der 2—3 g granuliertes NaOH enthält. Den Rest bringt man mittels möglichst kleinen Mengen von Salzsäure und Wasser in den Tiegel. Der Tiegelinhalt wird zur Trockene eingedampft und dann schwach geglüht. Dann wird mit 10 g Natriumsuperoxyd vermischt und geschmolzen. Den abgekühlten Tiegel erwärmt man mit 2 n-Natronlauge und laugt die Schmelze aus. Um die gebildeten Ferrate und Manganate zu zerstören, setzt man einige ccm 3%iges Wasserstoffsuperoxyd hinzu und erhitzt 10 Minuten lang zum Sieden. Die Hydroxyde werden auf einer Jenaer Glasfilternutsche abgesaugt und mit 2 n-Natronlauge nach-gewaschen; die in dieser Weise ausgeschiedenen Hydroxyde filtrieren sich sehr schnell und adsorbieren sehr wenig. Das Filtrat wird auf 80—90 ccm eingeengt, mit Schwefelsäure (1 : 1) neutralisiert (10 bis 15 ccm), mit einer gleichen Menge dieser Säure versetzt und mit 40 Vol%iger Schwefelsäure in einem Meßkolben von 200 ccm bis zur Marke aufgefüllt.

Zur Titration werden 50 oder 100 ccm verwendet.

Enthält die Lösung nur Molybdän, so verfährt man folgendermaßen: Zu der Lösung, die einen Gehalt von 50 Vol.% konz. Salzsäure oder 35—40 Vol.% konz. Schwefelsäure haben muß, wird mit 0,05—0,10 g Mohrschem Salz versetzt und bei einer Temperatur von 20—35° potentiometrisch mit einer 0,1 oder 0,04 n-$SnCl_2$-Lösung titriert. Die Reduktion des Molybdäns erfolgt von der sechswertigen zur fünf-wertigen Stufe. Elektrodenpaar Platin/Silberjodid. Man achte vor jeder Titration auf den Zustand der Silberjodidelektrode, da diese von über-schüssigem $SnCl_2$ stärker als sonst angegriffen wird.

Ist außer Molybdän noch Vanadin vorhanden, so erhält man bei der Titration mit $SnCl_2$-Lösungen einen ersten Potentialsprung, wenn das fünfwertige Vanadin in das vierwertige übergeführt ist. Diese Titration führt man bei der gleichen Säurekonzentration wie oben und einer Temperatur von 30—40° durch. Darauf setzt man — wenn nötig — so viel konz. Schwefelsäure hinzu, daß die Lösung auch beim zweiten Potentialsprung noch 35—40 Vol.% konz. Schwefelsäure enthält und titriert bei 90—100° weiter. Der zweite Sprung zeigt den Übergang von V^4 in V^3 und von Mo^6 in Mo^5 an. — Elektrodenpaar: Platin/Silber-jodid oder Platin/stabil. Silberelektrode.

Ist auch noch Chrom zugegen, so zeigt der erste Potentialsprung den Übergang von Cr^6 in Cr^3 und von V^5 in V^4 an. Diese Titration wird bei der gleichen Säurekonzentration wie oben und einer Temperatur von

10—18° durchgeführt. Dann ergänzt man wieder — wenn nötig — den Säuregehalt auf 35—40 Vol.% Schwefelsäure, gibt Mohrsches Salz hinzu und titriert bei 90—100° mit $SnCl_2$-Lösung bis zum zweiten Potentialsprung. Dieser zeigt den Übergang von V^4 in V^3 und von Mo^6 in Mo^5 an. Um den Gehalt an Vanadin allein zu ermitteln, kann man entweder so vorgehen, daß man wie bei der Bestimmung von Mangan, Chrom und Vanadin nebeneinander mit Permanganat wieder aufoxydiert und dann das Vanadin allein mit Ferrosulfat titriert, oder so, daß man die ursprüngliche Lösung nach Zugabe von 20 ccm Ammoniumsulfat (250 g auf 1 Liter Wasser), 2 g $KBrO_3$ (frei von $KClO_3$) und so viel Wasser, daß auf je 5 ccm Schwefelsäure 55 ccm Wasser kommen, 10—15 Minuten lang auf 60° erwärmt und dann, um das ausgeschiedene Brom zu entfernen, 5 Minuten lang in die siedende Lösung Kohlendioxyd einleitet. Nach Zugabe von 25 ccm konz. Schwefelsäure wird in dieser Lösung bei 60° das Vanadat allein potentiometrisch mit $SnCl_2$-Lösung titriert. Elektrodenpaar: Platin/Silberjodid.

Vanadin im Stahl. 1 g Stahl wird in 45 ccm Schwefelsäure (1 : 4) unter Erwärmen gelöst. Darauf wird zur Oxydation vorsichtig mit etwa 2 ccm konz. Salpetersäure versetzt und die Lösung zum Vertreiben der Stickoxyde aufgekocht. Dann versetzt man sie mit 2 g Harnstoff, kühlt ab und titriert in der Kälte das Vanadin mit einer 0,1—0,01 n-Ferrosulfatlösung, die etwas Schwefelsäure enthält. Als Elektrodenpaar dient das Paar Platin/Silberjodid. Das Ende der Titration wird durch einen deutlichen und scharfen Potentialsprung angezeigt. Vorher ändert sich das Potential oder die Zeigerstellung nur sehr wenig.

Ferrovanadin (103). Für die Bestimmung von Eisen und Vanadin nebeneinander sind mehrere Möglichkeiten vorhanden. Sehr gute Ergebnisse liefert folgende Methode:

Man löst eine geeignete Einwage des Ferrovanadins in Schwefelsäure 1 : 4 und oxydiert die Lösung dann mit H_2O_2, dessen Überschuß durch Verkochen entfernt wird. Die Lösung, die etwa 5 Vol.% konz. Schwefelsäure enthalten soll, wird dann bei einer Temperatur von 50—60° mit $TiCl_3$-Lösung titriert. Dabei treten insgesamt drei Potentialsprünge auf: der erste nach der Reduktion des fünfwertigen Vanadins zum vierwertigen, der zweite nach der Reduktion des Eisens zu $Fe^{\cdot\cdot}$ und schließlich ein dritter nach der Überführung des vierwertigen in das dreiwertige Vanadin. Es genügt bis zum zweiten Potentialsprung zu titrieren. Elektrodenpaar: Platin/stabil. Silberelektrode.

Eine andere Möglichkeit für die Bestimmung der beiden Metalle besteht darin, daß man die schwefelsaure Lösung mit Permanganat oxydiert. Der Überschuß an Permanganat sowie das Eisen und Vanadin werden dann mit SO_2 in der Hitze reduziert, wobei das Eisen in $Fe^{\cdot\cdot}$ und das

Vanadin in VO·· übergehen. Den Überschuß an SO_2 vertreibt man mit Kohlensäure. Dann titriert man zunächst in der Kälte das Eisen mit 0,1 n-Permanganatlösung bis zum ersten Potentialsprung, danach bei 90° das Vanadin mit der gleichen Maßlösung bis zum zweiten Potentialsprung. Elektrodenpaar in beiden Fällen Platin/Silberjodid.

Dickens und Thanheiser empfehlen auch die Methode, die Reduktion durch den beim Auflösen entwickelten Wasserstoff vorzunehmen und dann nach dem Abrauchen mit H_2SO_4 mit $MnO_4{}'$- oder ohne abzurauchen mit Cerisulfatlösung zu titrieren.

Ferrochrom (104). Eine geeignete Einwage des Ferrochroms wird in Schwefelsäure gelöst. Dann versetzt man die Lösung mit 10 ccm Silbersulfat (5 g auf 1000 ccm Wasser) und 30 ccm Ammoniumpersulfat (500 g auf 1000 ccm Wasser) und erhitzt zum Sieden. Das überschüssige Ammoniumpersulfat wird durch Verkochen beseitigt. Dann läßt man die Lösung abkühlen und titriert zunächst das Chromat in der Kälte mit $TiCl_3$-Lösung bis zum ersten Sprung. Dann wird die Lösung auf 60—70° erwärmt und anschließend das Eisen mit der gleichen Maßlösung bis zum Auftreten des zweiten Potentialsprunges titriert. Elektrodenpaar ist in beiden Fällen das Paar Platin/Silberjodid.

Ferromangan. Die Bestimmung von Eisen und Mangan wird zweckmäßig mit zwei gesonderten Einwagen ausgeführt.

Eisen. 0,2—0,3 g der Legierung werden in 20—30 ccm konz. Salzsäure unter Erwärmen gelöst. Die Lösung wird mit 2—3 ccm 30%igem Wasserstoffsuperoxyd oxydiert, der Überschuß davon verkocht. In dieser Lösung titriert man dann das Eisen bei 60—70° mit $SnCl_2$- oder $TiCl_3$-Lösung potentiometrisch bis zum Sprung. Elektrodenpaar: Platin/Silberjodid.

Mangan. 0,2—0,3 g der Legierung werden in 20—30 ccm konz. Salzsäure unter Erwärmen gelöst. Dann wird filtriert und der Rückstand mit etwas heißem, salzsäurehaltigem Wasser ausgewaschen. Das Filtrat versetzt man mit 2 ccm konz. Salpetersäure, erhitzt zum Sieden und vertreibt die Stickoxyde durch Verkochen. Dann versetzt man die Lösung solange mit konz. Natronlauge, bis eine schwache Trübung bestehen bleibt, gibt nun 10 ccm konz. Salzsäure und dann in der Kälte 15 g Natriumfluorid hinzu. Darauf wird die Lösung mit Wasser auf 120 ccm verdünnt und in der Kälte mit einer 0,1 n-Kaliumpermangantlösung titriert. Die Reaktion

$$MnO_4{}' + 4\,Mn\text{··} + 8\,H\text{·} = 5\,Mn\text{···} + 4\,H_2O$$

verläuft gegen das Ende etwas langsamer, so daß man die Einstellung des Gleichgewichtspotentials erst abwarten muß, bevor neue Permanganatlösung hinzugefügt wird. Als Elektrodenpaar dient das Paar Platin/Silberjodid. Da sich bei dieser Bestimmung kein Niederschlag ausscheidet, ist sie von manchen Fehlermöglichkeiten gegenüber der Volhardschen Methode frei. Voraussetzung für ihr Gelingen ist jedoch, daß die Acidität und der Gehalt an Natriumfluorid der Lösung in den oben angegebenen Grenzen bleibt. Andernfalls ist entweder die Reaktionsgeschwindigkeit oder der Potentialsprung nur sehr klein.

Die Titration kann ohne Bedenken in Geräten aus Jenaer Glas ausgeführt werden.

Chrom im Chromeisenstein. In einem mittelgroßen Eisenblechtiegel werden etwa 0,2 g Chromeisenstein, der äußerst fein gepulvert und am besten durch feine Müllergaze gesiebt ist, mit etwa 3 g Natriumsuperoxyd gemischt und unter sehr gelindem Erwärmen zunächst zum Zusammensintern und erst dann bei langsamer Temperatursteigerung zum Schmelzen gebracht. Der Tiegel wird dabei mehrfach umgeschwenkt. Dauer 15—20 Minuten. Die Schmelze wird mit 150 ccm heißem Wasser aus dem Tiegel gelöst. Die Lösung wird mit etwas 0,1 n-Kaliumpermanganatlösung bis zur Rotfärbung versetzt, darauf kurze Zeit gekocht. Dann wird etwas Alkohol hinzugefügt, um das überschüssige Permangant zu zerstören, und schließlich filtriert.

Das Filter wird mit dem etwa vorhandenen Niederschlag naß verascht und in dem benutzten Eisentiegel mit etwa 1—2 g Natriumsuperoxyd wieder verschmolzen. Man behandelt die zweite Schmelze wie die erste. Die vereinigten Lösungen werden dann mit 25 ccm 0,5 n-SbCl$_3$-Lösung versetzt und mit konz. Salzsäure ziemlich neutralisiert. Dann gibt man einen Überschuß von 20 ccm konz. Salzsäure auf etwa 150 ccm Flüssigkeit hinzu und titriert den Überschuß an SbCl$_3$-Lösung in der Kälte mit 0,1 n-Permanganatlösung zurück. Die Differenz zwischen der zugefügten und der zurücktitrierten Menge an SbCl$_3$-Lösung entspricht dem in der Lösung vorhanden gewesenen Gehalt an Chromat. — Elektrodenpaar: Platin/Silberjodid.

Eisen in Eisenerzen. Viele Eisenerze sind in Salzsäure löslich. Ist dies nicht der Fall, so sind sie mit Kaliumpyrosulfat aufzuschließen. In der salzsauren Lösung kann das Eisen dann nach vorhergehender Oxydation mit Wasserstoffsuperoxyd potentiometrisch mit SnCl$_2$- oder TiCl$_3$-Lösungen oder nach einem bekannten Verfahren auch oxydimetrisch bestimmt werden. Diese Verfahren sind unter Eisen an anderer Stelle angegeben (s. S. 52).

Mangan in Manganerzen. 0,8—1 g werden mit konz. Salzsäure erwärmt, bis der Rückstand hell geworden ist. Dann wird auf dem Sandbade zur Trockene gedampft, der Rückstand mit etwa 5 ccm konz. Salzsäure erwärmt, mit Wasser aufgenommen und die Lösung filtriert. Das feuchte Filter mit dem Löserückstande wird in einem Platintiegel verascht und der Rückstand mit etwa der sechsfachen Menge Natriumcarbonat unter Zusatz einiger Körnchen Salpeter, zuletzt über dem Gebläse, verschmolzen. Wenn die Schmelze farblos ist, wird sie verworfen. Sieht sie aber grün aus, enthält sie also Mangan, so wird sie mit Wasser aufgenommen und die Lösung nach dem Entfernen des Tiegels mit einigen Tropfen Alkohol erwärmt. Das dadurch reduzierte Mangan fällt aus und wird auf ein kleines Filter abfiltriert. Es wird mit einigen Tropfen heißer konz. Salzsäure unter Nachwaschen mit etwas heißem Wasser vom Filter gelöst. Diese Lösung wird mit dem Hauptfiltrate vereinigt. Dann erfolgt die Bestimmung des Mangans in der gleichen Weise wie beim Ferromangan (s. S. 113).

B. Carbonatische Mineralien und Präparate.

Kupfer in Malachit und Kupferlasur. Etwa 0,6 g der lufttrockenen, feingepulverten Substanz werden mit 10 ccm Wasser übergossen und durch tropfenweises Zufügen von konz. Salpetersäure unter Erwärmen gelöst. Die Lösung wird dann auf 100—150 ccm mit Wasser verdünnt und mit Natronlauge bis zum Auftreten einer schwachen Trübung versetzt, die man mit einigen Tropfen verdünnter Salpetersäure wieder fortnimmt. Zu dieser Lösung gibt man dann 80—100 ccm einer gestellten 0,1 n-KCNS-Lösung, 20 ccm 2 n-Natriumacetatlösung und 3 g Traubenzucker. Dann wird die Lösung solange gekocht, bis die blaue Kupferfarbe vollständig verschwunden ist. Die Kochdauer beträgt etwa 25—30 Minuten. Dann wird die Lösung abgekühlt, durch Zugabe von 15 ccm 2 n-Schwefelsäure und 20 ccm 2 n-Essigsäure angesäuert und mit einer 0,1 n-Silbernitratlösung titriert. Die Differenz zwischen der zugesetzten und mit Silbernitrat zurücktitrierten Anzahl ccm 0,1 n-KCNS-Lösung entspricht dem Gehalt an Kupfer, welches als $CuCNS$ aus der Lösung abgeschieden wurde (vgl. auch die Bestimmung des Kupfers auf S. 87).

Blei im Bleiweiß. 0,6—0,8 g Bleiweiß werden in einem Becherglase in 50 ccm verdünnter Essigsäure unter Erwärmen gelöst. Zu dieser Lösung gibt man nun 20 ccm 2 n-Natriumacetatlösung und in der Hitze einen Überschuß an 0,1 n-Kaliumbichromatlösung hinzu. Dann wird die Lösung solange gekocht, bis sich das Bleichromat in krystalliner Form abzusetzen beginnt. Dann wird filtriert und der Rückstand von Bleichromat mit heißem, schwach essigsaurem Wasser ausgewaschen. Man kann nun weiter so vorgehen, daß man das Filtrat mit Schwefelsäure stark ansäuert und in der bekannten Weise das Chromat mit Ferrosulfat potentiometrisch titriert (s. S. 109). Der Bleigehalt berechnet sich dann aus der Differenz zwischen der zugefügten und der zurücktitrierten Anzahl ccm Kaliumbichromatlösung, da das Blei einen äquivalenten Teil des Chromates als $PbCrO_4$ gebunden hat.

Der Bleigehalt kann aber auch in dem Bleichromatniederschlag ermittelt werden. Zu diesem Zwecke wird das Filter mit einem Glasstab durchstochen und das Bleichromat in das für die Fällung verwendete Becherglas zurückgespült. Das Filter wird mit etwas 0,1 n-Salzsäure zweimal ausgekocht und die Lösung zum Hauptniederschlag gegeben. Dann fügt man je nach dem Bleigehalt etwa 25 ccm 0,2 n-$SbCl_3$-Lösung und darauf die zum Lösen notwendige Menge konz. Salzsäure (etwa 30 ccm) hinzu. Nach einiger Zeit — gegebenenfalls nach einigem Erwärmen — hat sich das Bleichromat gelöst, wobei unter gleichzeitiger Oxydation eines Teiles der $SbCl_3$-Lösung das Chromat reduziert wurde. In der klaren, jetzt grün gefärbten Lösung wird das überschüssige dreiwertige Antimon mit $KMnO_4$-Lösung (0,1 n) potentiometrisch in der Kälte zurücktitriert. Als Elektrodenpaar dient das Paar Platin/Silberjodid.

Eine weitere Möglichkeit besteht in der Bestimmung des Bleies mit Kaliumferrocyanidlösung. 0,6—0,8 g Bleiweiß werden in Salpetersäure gelöst, die Lösung wird auf dem Wasserbade zur Trockene eingedampft, der Rückstand mit Wasser aufgenommen und das Blei in dieser Bleinitratlösung in der bekannten Weise mit 0,1 n-Kaliumferrocyanidlösung potentiometrisch titriert (s. S. 47).

C. Legierungen.

Bei den Legierungen sind die Variationsmöglichkeiten in der Zusammensetzung so groß, daß an dieser Stelle nur auf die wichtigsten eingegangen werden kann. Für andere Zusammensetzungen sei auf die in diesem Buch aufgeführten Bestimmungen und besonders auf den Analysengang hingewiesen, mit deren Hilfe auch für nicht vorgesehene Fälle leicht Arbeitsvorschriften zusammengestellt werden können.

Silber und Kupfer. Liegen in der Legierung Silber und Kupfer in Mengen gleicher Größenordnung nebeneinander vor, so können die beiden Metalle in der schwach alkalischen Lösung und in Gegenwart von ausreichend Natriumacetat nebeneinander mit 0,1 n-Na_2S-Lösung titriert werden.

0,4—0,5 g der Legierung werden in 5 ccm konz. Schwefelsäure unter Erwärmen gelöst. Nach dem Abkühlen verdünnt man mit Wasser auf etwa 100—150 ccm, setzt solange Natronlauge hinzu, bis eine schwache Trübung bestehen bleibt, die man mit einigen Tropfen verdünnter Schwefelsäure wieder fortnimmt, und fügt nunmehr 30 ccm 2 n-Natriumacetatlösung hinzu. Die kalte Lösung wird mit 0,1 n-Na_2S-Lösung unter Verwendung eines Röhrenvoltmeters mit direkter Anzeige (s. S. 43) titriert. Der erste Sprung tritt nach der Fällung des Silbers als Ag_2S, der zweite nach der des Kupfers als CuS auf. Als Elektrodenpaar wird das Paar Silbersulfid/stabilisierte Silberelektrode angewendet.

Eine zweite Möglichkeit ist folgende:

0,3 g der Legierung werden in 4 ccm konz. Schwefelsäure in der Hitze gelöst. Danach wird mit etwa 100 ccm Wasser verdünnt. In dieser Lösung bestimmt man zunächst das Silber mit einer 0,1 n-KCNS-Lösung. Nun wird von dem Silberrhodanidniederschlag abfiltriert und dieser mit schwach salpetersaurem Wasser ausgewaschen. Zu dem Filtrat gibt man nach dem Neutralisieren mit Natronlauge bis zum Auftreten einer schwachen Trübung, die man mit einigen Tropfen Essigsäure wieder fortnimmt, 20 ccm 2 n-Natriumacetatlösung, einen gemessenen Überschuß einer gestellten 0,1 n-Kaliumrhodanidlösung sowie etwa 5 g Traubenzucker und erhitzt zum Sieden. Nach 25—30 Minuten Kochdauer hat sich das Kupfer quantitativ als Cuprorhodanid abgeschieden. Die Lösung wird abgekühlt, mit 15 ccm 2 n-Schwefelsäure und 20 ccm 2 n-Essigsäure versetzt und potentiometrisch mit einer 0,1 n-Silbernitratlösung titriert. Als Indicatorelektrode dient bei beiden Titrationen die Silberjodidelektrode, als Vergleichselektrode eine Platinelektrode.

Silber, Kupfer und Zink (Cadmium). Legierungen von Silber und Kupfer weisen häufig als dritten Bestandteil noch Zink oder Cadmium auf, wie z. B. viele Silberlote. Die Bestimmung von Zink oder Cadmium kann im Anschluß an die Bestimmung von Silber und Kupfer in der gleichen Lösung vorgenommen werden.

Bei der Titration mit Na_2S-Lösung tritt nach dem Kupfersprung noch ein dritter Sprung auf, der dem Zink oder Cadmium zukommt, die als ZnS bzw. CdS gefällt werden. Die Vorschrift ist sonst die gleiche wie bei der Bestimmung von Silber und Kupfer.

Sind Silber und Kupfer nach der Rhodanidmethode bestimmt worden, so kann in dem Filtrat vom Silberrhodanid und Kupferrhodanid das Zink bzw. Cadmium ebenfalls potentiometrisch mit Natriumsulfidlösung bestimmt werden. Damit das bei der Titration des überschüssigen Rhodanids in die Lösung als geringer Überschuß gelangte Silber nicht stört, entfernt man es vor dem Filtrieren durch Zugabe einiger Tropfen 0,5 n-Natriumchloridlösung. Für die Titration mit Na_2S-Lösung wird wieder das Elektrodenpaar Silbersulfid/stabilisierte Silberelektrode verwendet.

Nickeleisen. Für die Bestimmung des Nickels und des Eisens im Nickeleisen werden zweckmäßig zwei verschiedene Einwagen verwendet.

Die Bestimmung des Nickels erfolgt mit 0,1 n-Kaliumcyanidlösung in der gleichen Weise wie bei der Bestimmung von Nickel im Stahl, so daß an dieser Stelle nur darauf verwiesen sei (s. S. 107).

Für die Bestimmung des Eisens geht man folgendermaßen vor: 0,2—0,3 g Nickeleisen werden in konz. Salzsäure unter Zugabe von etwas Bromwasser oder Kaliumchlorat in der Hitze gelöst. Die Lösung wird solange gekocht, bis kein freies Chlor oder Brom mehr vorhanden ist. Dann läßt man sie auf etwa 70° abkühlen und titriert das Eisen mit 0,1 n-TiCl$_3$-Lösung unter Fernhaltung des Luftsauerstoffes bis zum Potentialsprung. Als Elektrodenpaar dient das Paar Platin/Silberjodid.

Selbstverständlich kann auch eine der anderen Bestimmungsmethoden für das Eisen angewendet werden, so z. B. die Methode nach Zimmermann-Reinhard, da ja die schwache Grünfärbung der Lösung durch das Nickel bei potentiometrischer Indizierung des Äquivalenzpunktes nicht stört.

Nickel und Kupfer. 0,3—0,4 g der Legierung werden in 20 ccm halbverdünnter Salpetersäure in der Hitze gelöst und die Stickoxyde durch Verkochen entfernt. Die Lösung wird nun auf etwa 100 ccm verdünnt, solange mit Natronlauge versetzt, bis eine schwache Trübung bestehen bleibt, die mit einigen Tropfen verdünnter Salpetersäure fortgenommen wird und dann in der gleichen Weise weiterverarbeitet wie bei der schon beschriebenen Bestimmung des Kupfers als Cuprorhodanid (s. S. 115).

Nach der Titration des überschüssigen Rhodanids mit Silbernitratlösung versetzt man die Lösung mit einigen Tropfen 0,5 n-NaCl-Lösung, um die überschüssigen Silberionen zu binden, und filtriert. Der Rückstand wird mit etwas verdünnter Essigsäure ausgewaschen.

Für die Nickelbestimmung versetzt man das Filtrat mit etwa 2 g Weinsäure und so viel konz. Ammoniak, daß sie stark danach riecht. Dann titriert man das Nickel mit 0,1 n-KCN-Lösung in der bekannten Weise (s. S. 107).

Neusilber, Nickelin, Konstantan. Cu, Ni, Zn (Fe, Mn). Eine Anwendung der soeben beschriebenen Bestimmung von Kupfer und Nickel findet bei der Analyse von Legierungen wie Neusilber, Nickelin, Konstantan statt, die außerdem häufig noch Zink und als Nebenbestandteil etwas Eisen enthalten. Konstantan enthält häufig auch noch größere Mengen Mangan.

0,4—0,6 g der Legierung werden in 20 ccm halbkonz. Salpetersäure unter Erwärmen gelöst und die Stickoxyde durch Verkochen entfernt. Dann verdünnt man mit Wasser auf etwa 100 ccm, neutralisiert mit Natronlauge bis zum Auftreten einer schwachen Trübung, die man mit einigen Tropfen Salpetersäure wieder fortnimmt, und setzt nunmehr 20 ccm 2 n-Natriumacetatlösung hinzu. Nunmehr erwärmt man die Lösung — jedoch nicht bis zum Sieden — und läßt sie einige Zeit warm stehen. Dann wird von den abgeschiedenen basischen Ferrisalzen abfiltriert und der geringe Niederschlag mit etwas warmem Wasser ausgewaschen. Der Niederschlag wird in etwas konz. Salzsäure unter Nachwaschen mit etwas verdünnter warmer Salzsäure vom Filter gelöst; im Filtrat wird das Eisen nochmals mit Ammoniak gefällt, der Niederschlag wieder in Salzsäure gelöst und das Eisen dann nach einem der bekannten Verfahren, z. B. mit $TiCl_3$-Lösung potentiometrisch bestimmt.

In dem Filtrat vom Eisen bestimmt man dann das Kupfer nach dem Rhodanidverfahren (s. S. 115).

Danach setzt man wieder einige Tropfen 0,5 n-NaCl-Lösung hinzu, filtriert und wäscht den Niederschlag mit etwas verdünnter Essigsäure aus.

Das Filtrat wird in einem Meßkolben auf 250 oder 500 ccm aufgefüllt.

In 50 oder 100 ccm davon bestimmt man zunächst das Nickel. Man versetzt die Lösung mit 2 g Weinsäure und macht sie dann stark ammoniakalisch (konz. Ammoniak). Dann wird mit 0,1 n-KCN-Lösung titriert.

In einer zweiten Menge von 150—250 ccm bestimmt man das Zink. Die Lösung, die nicht sauer reagieren darf (Abstumpfen mit einem Überschuß an Natriumacetat — ein Überschuß an Natronlauge darf nicht vorhanden sein!) ,wird mit etwa 3 g neutralem Natriumtartrat, das in wenig Wasser gelöst ist, und soviel 0,1 n-KCN-Lösung versetzt, wie bei der Nickelbestimmung zur Komplexbildung des Nickels als $Ni(CN)_4''$ als notwendig ermittelt wurde. Auch hierbei muß ein Überschuß an KCN-Lösung vermieden werden, einige wenige Tropfen im Überschuß schaden jedoch nicht, wenn auch der Potentialsprung beim Zink dadurch etwas verkleinert wird. In dieser Lösung wird dann das Zink potentiometrisch mit 0,1 n-Na_2S-Lösung titriert. Als Elektrodenpaar dient sowohl bei der Nickel- als auch bei der Zinkbestimmung das Paar Silbersulfid/stabilisierte Silberelektrode.

Die Manganbestimmung wird in einer gesonderten Einwage vorgenommen. Sind nur geringe Mengen Mangan vorhanden — bei einem Volumen der Lösung von 200 ccm nicht mehr als 2—3 mg — so gelingt die Manganbestimmung gut nach dem Silbernitrat-Persulfatverfahren (s. S. 108). Eine geeignete Einwage wird in 20 ccm halbkonz. Salpetersäure gelöst. Nach dem Verkochen der Stickoxyde wird die Lösung auf 150—200 ccm mit Wasser verdünnt und dann mit etwa 5 ccm konz. Schwefelsäure versetzt. Dann gibt man 10 ccm Silbernitratlösung (5 g auf 1000 ccm Wasser) und 30 ccm Ammoniumpersulfat (500 g auf 1000 ccm Wasser) hinzu und erhitzt zum Sieden. Das überschüssige Ammoniumpersulfat wird durch Verkochen zerstört. Man unterbricht das Sieden der Lösung dann, wenn sie zu stoßen beginnt. Zu diesem Zeitpunkt ist das Ammoniumpersulfat vollständig zerstört, das Permanganat aber noch nicht teilweise zersetzt, wie dies bei zu langem Kochen der Lösung leicht eintreten kann. Die 80—90° warme Lösung wird dann mit 0,02 n-Natriumoxalatlösung potentiometrisch titriert (s. S. 108).

Liegen größere Mengen an Mangan vor, so bestimmt man diese ähnlich wie im Ferromangan (s. S. 113). Man löst eine geeignete Einwage wieder in 20 ccm halbkonz. Salpetersäure, verkocht die Stickoxyde, verdünnt mit Wasser auf 60 ccm und gibt soviel Natronlauge hinzu, bis eine schwache Trübung der Lösung bestehen bleibt. Dann gibt man 10 ccm konz. Salzsäure und 15 g Natriumfluorid hinzu, verdünnt die Lösung mit Wasser auf ein Volumen von 120 ccm und titriert sie mit einer 0,1 n-Kaliumpermanganatlösung bis zum Potentialsprung. Bezüglich der anderen Einzelheiten bei dieser Bestimmung sei auf das beim Ferromangan Dargelegte verwiesen (s. S. 113).

Saxoniametall. Cu, Ni, Zn, (Pb, Fe). Zu einer Reihe dem Neusilber und Nickelin ähnlichen Legierungen gehört das Saxoniametall, welches jedoch zumeist noch geringe Mengen Blei enthält. Mit Rücksicht auf diese geringen Bleimengen ändert man den Analysengang zweckmäßig etwas ab.

0,4—0,6 g der Legierung werden in 20 ccm halbkonz. Salpetersäure gelöst und die Stickoxyde durch Verkochen entfernt. Dann verdünnt man die Lösung auf etwa 100 ccm und versetzt sie mit einigen Grammen Harnstoff. Die warme Lösung wird dann bei einer Klemmenspannung von 2,5 Volt elektrolysiert. Das Kupfer wird an der Kathode als Metall, das Blei an der Anode als PbO_2 abgeschieden und ausgewogen. Nach der Elektrolyse enthält die Lösung noch Ni, Zn und geringe Mengen an Eisen.

Die Lösung wird mit Natronlauge bis zum Auftreten einer schwachen Trübung versetzt, die man mit einigen Tropfen verdünnter Salpetersäure wieder fortnimmt. Dann gibt man 20 ccm 2 n-Natriumacetatlösung hinzu, erwärmt die Lösung, jedoch nicht bis zum Sieden, und läßt sie einige Zeit warm stehen. Das abgeschiedene Eisen und das Filtrat werden dann für die Bestimmung von Eisen, Nickel und Zink in der gleichen Weise weiterverarbeitet wie bei der Analyse von Neusilber, Nickelin usw.

Kupfer, Zink und Aluminium. (Devardasche Lösung.) 0,4—0,5 g werden mit 10 ccm Wasser übergossen und durch allmähliches Zugeben von etwa 5 ccm konz. Salpetersäure unter Erwärmen gelöst. Die Stickoxyde werden durch Verkochen entfernt. Dann wird die Lösung fast zur Trockene eingedampft, mit Wasser auf 100—150 ccm verdünnt und mit soviel Natronlauge versetzt, bis eine schwache Trübung bestehen bleibt, die man mit einigen Tropfen verdünnter Schwefelsäure wieder fortnimmt. Dann versetzt man mit 30 ccm 2 n-Natriumacetatlösung und titriert anschließend mit einer 0,1 n-Na_2S-Lösung. Der erste

Potentialsprung tritt nach der Fällung des Kupfers als CuS, der zweite nach der des Zinks als ZnS auf. Als Elektrodenpaar dient das Paar Silbersulfid/stabilisierte Silberelektrode. Das Aluminium wird als Rest bestimmt.

Eine andere Möglichkeit, die auch für die Bestimmung wesentlich verschiedener Mengen Kupfer und Zink zu guten Ergebnissen führt, besteht darin, das Kupfer nach der Rhodanidmethode und im Filtrate das Zink als ZnS zu bestimmen (s. S. 115 u. 117).

Kupfer und Aluminium. Die potentiometrische Analyse solcher Legierungen wird analog der von Legierungen aus Cu, Al und Zn durchgeführt, nur braucht das Zink nicht berücksichtigt zu werden. Für die Bestimmung des Kupfers als Cuprorhodanid kann als Reduktionsmittel anstatt Traubenzucker auch Hydrazinsulfat verwendet werden, was eine Beschleunigung der Analyse bedeutet.

0,5 g der Legierung werden mit 10 ccm Wasser übergossen und durch allmähliches Zugeben von etwa 5 ccm konz. Salpetersäure in der Wärme gelöst. Die Stickoxyde werden durch Verkochen entfernt, und die Lösung wird fast bis zur Trockene eingedampft. Zu der auf 100—150 ccm verdünnten Lösung gibt man solange Natronlauge, bis eine schwache Trübung bestehen bleibt. Diese nimmt man mit einigen Tropfen verdünnter Salpetersäure wieder fort. Nun versetzt man die Lösung mit einem abgemessenen Überschuß einer gestellten 0,1 n-KCNS-Lösung und einer Messerspitze Hydrazinsulfat. Nach Zugabe einer ausreichenden Menge — etwa 20 ccm — 2 n-Natriumacetatlösung scheidet sich das Kupfer quantitativ als Cuprorhodanid ab. Nach 5 Minuten langem Stehen säuert man die Lösung mit einer der Menge zugesetzter Natriumacetatlösung äquivalenten Anzahl ccm verdünnter Schwefelsäure und 10 ccm 2 n-Essigsäure an und titriert den Überschuß an Rhodanid potentiometrisch mit Silbernitrat zurück. Elektrodenpaar ist das Paar Platin/Silberjodid oder Silberjodid/stabil. Silberelektrode.

Das Aluminium kann wieder als Rest bestimmt werden. Über eine potentiometrische Bestimmung des Aluminiums vergleiche man das auf S. 53 wiedergegebene Verfahren.

Kupfer, Zink und Magnesium. (Arndsche Legierung.) Die Analyse wird in der gleichen Weise wie bei den Legierungen aus Cu, Zn und Al durchgeführt.

Über eine potentiometrische Bestimmung des Magnesiums ist an anderer Stelle berichtet worden (s. S. 57).

Kupfer, Nickel, Aluminium und Mangan. Da Aluminium und Mangan die Bestimmung von Kupfer und Nickel nach dem auf S. 118 wiedergegebenen Verfahren nicht stören, lassen sich diese beiden Metalle auch hier in gleicher Weise bestimmen.

Das Mangan wird in einer besonderen Einwage nach einem der bekannten Verfahren titriert (s. S. 108 und 113).

Das Aluminium wird wieder zweckmäßig als Rest ermittelt.

Blei und Wismut, Blei und Cadmium, Kupfer und Wismut. Arbeitsvorschriften für die potentiometrische Analyse solcher und anderer Legierungen ergeben sich leicht nach den Angaben für den Analysengang (s. S. 85ff.).

Hartblei. (Pb, Sb.) 0,5—0,7 g feine Späne werden mit 3 g Weinsäurepulver, 5 ccm Wasser und 6 ccm konz. Salpetersäure auf dem Wasserbade schwach erwärmt, bis alles gelöst ist. Dann verdünnt man mit 100 ccm Wasser, welches 2 g Weinsäure gelöst enthält, und gibt soviel Natronlauge hinzu, daß die Lösung deutlich alkalisch reagiert und vollkommen klar ist. Dann fügt man unter kräftigem Umschwenken nach und nach eine Lösung von 20 g Na_2S in 100 ccm Wasser hinzu, bis kein Niederschlag mehr ausfällt. Darauf wird die Lösung zum Sieden erwärmt und noch warm von dem Niederschlag von PbS abfiltriert. Das auf diese Weise abgeschiedene Bleisulfid läßt sich sehr gut und sehr schnell filtrieren. Der Niederschlag wird mit warmen, etwas Na_2S enthaltendem Wasser ausgewaschen.

Der Niederschlag wird dann in halbkonz. Salpetersäure gelöst. Ist in ihm nur Bleisulfid enthalten, so kann man die salpetersaure Lösung zur Trockene eindampfen, den Rückstand mit Wasser aufnehmen und das Blei dann mit Ferrocyanidlösung potentiometrisch titrieren (s. S. 47).

Enthält der Niederschlag jedoch noch andere Metalle, wie z. B. Kupfer, so verarbeitet man die salpetersaure Lösung nach den Angaben des Analysenganges weiter, wobei das Blei durch Fällung als Chromat indirekt bestimmt wird (s. S. 86ff.).

Das Filtrat, welches das Antimon in sulfalkalischer Lösung enthält, wird mit soviel 30%igem Wasserstoffsuperoxyd versetzt, bis die Lösung völlig farblos ist und dann noch mit 1 ccm mehr. Dann erhitzt man die Lösung solange, bis die Sauerstoffentwicklung aufgehört hat, läßt etwas abkühlen und gibt nunmehr etwa 2—3 g Natriumoxalat hinzu. Dann erhitzt man die Lösung wieder zum Sieden, bis die Gasentwicklung völlig aufgehört hat und läßt sie dann abkühlen. Dann gibt man so viel konz. Salzsäure hinzu, daß die Lösung daran etwa 6 n ist, ferner einen Überschuß an Kaliumjodid und titriert schließlich das nach halbstündigem Stehen im Dunkeln abgeschiedene Jod mit Thiosulfatlösung. Das Gefäß, in welchem die Jodabscheidung stattfindet, wird gegen den Luftsauerstoff durch einen Stopfen abgeschlossen. Auf 1 Antimon kommen 2 Jod.

Schnellot, Stanniol. (Pb, Sn.) 0,5 g der fein zerteilten Legierung werden in möglichst wenig Königswasser gelöst. Dann wird bis fast

zur Trockene eingedampft. Der Rückstand wird mit 20 ccm konz.
Salzsäure aufgenommen und wieder fast zur Trockene eingedampft.
Dieses Abrauchen mit konz. Salzsäure wird dreimal wiederholt, um die
Salpetersäure zu vertreiben. Dann nimmt man mit 100 ccm Wasser
auf, die etwa 5 g neutrales Natriumtartrat enthalten. Diese Lösung
wird nun mit so viel Natronlauge versetzt, daß sie deutlich alkalisch
und vollständig klar ist. Dann wird sie in der gleichen Weise wie beim
Hartblei mit Na_2S-Lösung weiterbehandelt.

Auch die Bestimmung des Bleies erfolgt in Analogie zu seiner Bestimmung im Hartblei.

Das Filtrat wird wieder mit den gleichen Mengen Wasserstoffsuperoxyd und darauf mit Natriumoxalat versetzt, wie dies bei der Analyse
von Hartblei geschah. Nach dem Ansäuern wird in der erhaltenen
Lösung dann das Zinn nach der Reduktion mit Zink oder Eisen in der
bekannten Weise mit Bromatlösung entweder potentiometrisch oder
in Gegenwart von etwas Kaliumjodid und Stärke als Indicator titriert.

Weißmetalle. (Sb, Sn, Pb, Cu, Fe, Zn.) 0,8 g der Legierung werden
in Königswasser gelöst. Die Lösung wird in der gleichen Weise wie
beim Schnellot und Stanniol weiterverarbeitet.

Der Niederschlag, der die Sulfide von Blei, Kupfer, Zink und Eisen
enthält, wird in halbkonz. Salpetersäure gelöst. Die mit Wasser auf
100—150 ccm verdünnte Lösung wird dann mit soviel Natronlauge
versetzt, bis eine schwache Trübung bestehen bleibt, die mit einigen
Tropfen verdünnter Salpetersäure wieder fortgenommen wird. Dann
gibt man zu der Lösung 10—20 ccm 2 n-Natriumacetatlösung hinzu und
erwärmt sie, jedoch nicht bis zum Sieden. Nach einigem Stehen in der
Wärme hat sich basisches Eisensalz abgeschieden, von dem abfiltriert
wird. Den geringen Niederschlag löst man in etwas konz. Salzsäure,
wäscht mit warmer verdünnter Salzsäure nach, fällt das Eisen nochmals
mit Ammoniak und bestimmt es nach abermaligem Lösen in Salzsäure
nach einem der bekannten Verfahren, z. B. mit $TiCl_3$-Lösung.

Im Filtrat vom Eisen sind nun noch Blei, Kupfer und Zink vorhanden. Zunächst fällt man das Blei mit Kaliumbichromatlösung
(s. S. 86/87), dann das Kupfer als Rhodanid (s. S. 87) und schließlich
im Filtrat vom Cuprorhodanid bzw. Cuprorhodanid, Silberrhodanid und
Silberchlorid (vgl. S. 117) das Zink mit Na_2S-Lösung.

Das Antimon und das Zinn liegen im Filtrate des Sulfidniederschlages
von Pb, Cu, Zn und Fe in sulfalkalischer Lösung vor. Diese wird genau
so weiter verarbeitet, wie es bei der Analyse von Hartblei bzw. Schnellot
und Stanniol beschrieben wurde. Die angesäuerte Lösung wird dann
schließlich in einem Meßkolben auf 250 ccm aufgefüllt. In einem ab-

gemessenen Teil davon wird das Antimon, in einem anderen das Zinn nach den an der gleichen Stelle beschriebenen Methoden bestimmt.

Messing und Bronzen. (Cu, Zn, Sn, Sb, Fe, Ni.) Bei der Analyse von Messing und Bronzen kann man verschiedentlich vorgehen. Enthält ein Messing z. B. nur wenig Zinn, so genügt es zumeist, dieses beim Auflösen der Probe in Salpetersäure als „Zinnsäure" abzuscheiden und als SnO_2 auszuwägen. Im Filtrate kann dann nach Zusatz von Harnstoff das Kupfer an der Kathode und das Blei als PbO_2 an der Anode bei einer Klemmenspannung von 2,5 Volt elektrolytisch abgeschieden werden. Die zurückbleibende Lösung würde dann noch Eisen, Zink und etwas Nickel enthalten, die in der gleichen Weise, wie dies beim Saxoniametall (s. S. 120) beschrieben wurde, potentiometrisch bestimmt werden.

Liegen jedoch größere Mengen Antimon oder Zinn vor, wie dies bei den Bronzen stets der Fall ist, so nimmt man nach dem Auflösen der Probe in Königswasser und mehrmaligem Abrauchen mit konz. Salzsäure eine Trennung mit Na_2S vor, wie dies bei der Analyse von Weißmetallen geschieht (s. S. 123). Das sulfalkalische Filtrat wird dann wie dort weiter verarbeitet und für die Bestimmung von Antimon und Zinn verwendet.

Der Sulfidniederschlag enthält die Metalle Cu, Pb, Zn, Fe und Ni. Er wird wieder in halbkonz. Salpetersäure gelöst. Um die geringen Mengen Blei, die gewöhnlich vorhanden sind, bequem quantitativ zu erfassen, ist auch hier die Elektrolyse zu empfehlen. Die zurückbleibende Lösung wird dann zur Bestimmung von Fe, Ni und Zn wieder so verarbeitet, wie es beim Saxoniametall (S. 120) angeführt wurde.

Liegen jedoch größere Mengen Blei vor, so behandelt man die salpetersaure Lösung des Sulfidniederschlages wie bei der Analyse von Weißmetallen. Nach dem Neutralisieren mit NaOH wird zunächst das Eisen nach dem Natriumacetatverfahren abgeschieden, dann das Blei mit Kaliumbichromat, darauf das Kupfer als Cuprorhodanid und in dem resultierenden Filtrat schließlich Nickel und Zink in je einem aliquoten Teil davon mit KCN- bzw. Na_2S-Lösung (vgl. S. 119) bestimmt.

D. Oxyde.

Bestimmung des Oxydationswertes von Braunstein. Bei der Bestimmung des Oxydationswertes von Braunstein wendet man in der Praxis vorwiegend die Ferrosulfatmethode an, indem man durch Rücktitration mit $KMnO_4$-Lösung feststellt, wieviel Eisen durch das Manganerz von Ferro- zu Ferrieisen oxydiert worden ist.

Lösungen von Braunsteinsorten, die als Abfälle bei der Oxydation organischer Stoffe mit Permanganat erhalten worden sind, lassen sich aber wegen des Gehaltes an färbender, organischer Substanz nicht ohne weiteres mit Permanganat titrieren, da der Endpunkt nicht erkannt werden kann. Titriert man jedoch potentiometrisch, so stört die Eigenfarbe der zu untersuchenden Lösung natürlich nicht. Als Elektrodenpaar verwendet man das Paar Platin/Silberjodid. Anwesenheit einer größeren Menge von Ferrieisen, Graphit oder Stärke, wie sie sich in unreinen Handelsprodukten befinden können, stört nicht. Der Potentialsprung ist sehr scharf und groß, die Übereinstimmung verschiedener derartiger Analysen liegt innerhalb 0,1% des Wertes.

Eisen und Titan im Bauxit. Etwa 2 g des feinst gepulverten Materials werden in einen Porzellantiegel gewogen, und dieser in einem zweiten, größeren Tiegel so auf ein Drahtgestell gestellt, daß die Tiegelböden etwa 0,5 cm voneinander entfernt sind. Man erhitzt den äußeren Tiegel mit einem Starkbrenner etwa $^1/_2$ Stunde. Dann wird der Tiegelinhalt mit etwa 50 ccm halbkonz. Schwefelsäure in eine Kasserolle gespült und in ihr langsam abgeraucht, was 5—6 Stunden dauert. Der fast, aber nicht völlig trockene Rückstand wird mit konz. Salzsäure abgeraucht, dann mit 5 ccm konz. Salzsäure durchfeuchtet und mit heißem Wasser aufgenommen. Man hält die Masse etwa eine halbe Stunde lang warm, verdünnt mit Wasser auf etwa 100—200 ccm, fügt nochmals 5—10 ccm konz. Salzsäure hinzu und reduziert in der Lösung das Eisen und Titan mit Zink, wobei man den Kolben zum Schluß mit einem Contat-Göckel-Ventil verschließt. Dann titriert man die Lösung mit 0,1 n-$KMnO_4$-Lösung, wobei ein erster Potentialsprung nach der Oxydation des Titans und ein zweiter nach dem Übergang von Fe¨ in Fe¨¨ stattfindet. Als Elektrodenpaar dient das Paar Platin/Silberjodid.

E. Sulfidische Erze und Hüttenprodukte.

Zinkblende. 1 g feingepulverte Zinkblende wird mit 20 ccm konz. Salzsäure erwärmt, bis fast alles gelöst ist. Dann werden etwa 5 ccm konz. Salpetersäure hinzugefügt. Nachdem man eine halbe Stunde weiter erhitzt hat, werden 10 ccm konz. Schwefelsäure vorsichtig hinzugefügt. Dann wird solange eingedampft, bis reichlich Schwefelsäuredämpfe entweichen. Der erhaltene dickflüssige Rückstand wird mit 100 ccm Wasser aufgenommen, die erwärmte Lösung mit Schwefelwasserstoff gefällt und der Sulfidniederschlag mit schwefelsäurehaltigem Schwefelwasserstoff-Wasser gewaschen. Das Filtrat wird gekocht, bis der Geruch nach Schwefelwasserstoff vollständig verschwunden ist, mit etwas Wasserstoffsuperoxyd oxydiert und der Überschuß davon durch Verkochen zerstört. Die abgekühlte Lösung wird nun mit Natronlauge versetzt, bis eine schwache Trübung bestehen bleibt, die man mit einigen Tropfen Salzsäure wieder fortnimmt. Dann setzt man 10—20 ccm

2 n-Natriumacetatlösung hinzu, erwärmt, jedoch nicht bis zum Sieden, und läßt einige Zeit warm stehen. Dann wird von den ausgeschiedenen basischen Eisensalzen filtriert, der Rückstand mit etwas warmem Wasser ausgewaschen.

Das Filtrat enthält jetzt außer Zink noch geringere Mengen an Nickel, Kobalt und Mangan. Nickel und Zink können durch einige Tropfen Kaliumcyanidlösung gebunden werden. Man vermeide jedoch einen Überschuß davon. Dann wird das Zink mit 0,1 n-Na_2S-Lösung potentiometrisch titriert. Mangan stört dabei nicht. Als Elektrodenpaar dient das Paar Silbersulfid/stabilisierte Silberelektrode.

Bestimmung des Zinks mit Kaliumferrocyanid. 2 g feines Zinkblendepulver werden mit 15 ccm konz. Salzsäure, zuletzt unter Zugabe einer Messerspitze Kaliumchlorat warm gelöst. Die Lösung wird mit 10 ccm konz. Schwefelsäure abgeraucht, bis dichte, weiße Dämpfe entweichen. Nach dem Abkühlen wird mit Wasser verdünnt und nach erneutem Abkühlen filtriert. Wenn Kupfer zugegen ist, wird die noch nicht filtrierte Lösung mit etwa 1 g kryst. Natriumthiosulfat einige Minuten gekocht, bis sich das entstandene Schwefelkupfer gut absetzt; erst dann wird filtriert und mit kochendem Wasser ausgewaschen.

Das Filtrat wird, wenn mit Natriumthiosulfat gefällt war, durch 5 ccm Wasserstoffsuperoxyd oxydiert und mit 30 ccm konz. Ammoniak gefällt; die Oxydation mit Wasserstoffsuperoxyd erübrigt sich, wenn Kupfer fehlt. Der Niederschlag (Fe, Mn) wird abfiltriert, vom Filter mit wenig heißer Salzsäure gelöst und nochmals mit 10 ccm konz. Ammoniak gefällt. Die Filtrate werden vereinigt, zur Zerstörung von Wasserstoffsuperoxyd wenigstens 10 Minuten gekocht, mit konz. Salzsäure annähernd neutralisiert (Lackmus) und nach Zugabe von 10 ccm Salzsäure und Abkühlen auf 500 ccm aufgefüllt.

Zu einer Titration verwendet man davon 100 ccm. Die Titration mit einer Kaliumferrocyanidlösung — deren Titer zweckmäßig durch Titration einer Lösung bekannten Zinkgehaltes unter den gleichen Bedingungen ermittelt wird, soll bei 65—75° durchgeführt werden. Als Elektrodenpaar dient das Paar Platin/Silberjodid. — Diese Art der Bestimmung ist nicht ganz genau, liefert aber bei geeigneter Titerstellung der Kaliumferrocyanidlösung, wie es angegeben wurde, brauchbare Ergebnisse.

Blei im Bleiglanz. Liegt ein hochwertiger Bleiglanz vor, der vor allem wenig Eisen enthält, so kann die Bleibestimmung nach dem nachfolgend beschriebenen Verfahren vorgenommen werden. Ist jedoch viel Eisen vorhanden, so geht man wie beim Bleistein vor (siehe dort).

Das Mineral wird äußerst fein gepulvert und zweckmäßig durch feinste Müllergaze gebeutelt. 0,7—0,8 g davon werden in etwa 50 ccm konz. Salzsäure unter nicht zu starkem Erwärmen gelöst. Wenn der dunkle Bleiglanz völlig umgesetzt ist, wird eingedampft und der Rückstand mit etwas konz. Salzsäure und einigen Tropfen konz. Salpetersäure nochmals erwärmt, bis keine Stickoxyde mehr auftreten. Dann wird mit 100—150 ccm heißem Wasser aufgenommen, die Lösung mit 20—30 ccm 2 n-Natriumacetatlösung und einem gemessenen Überschuß gestellter 0,1 n-Kaliumbichromatlösung versetzt. Dann wird zum Sieden erhitzt, wobei sich das Bleichromat in grobkristalliner Form abscheidet. Nun wird filtriert und der Rückstand wird mit heißem, etwas Essigsäure enthaltendem Wasser ausgewaschen. Das Filtrat wird nach dem Abkühlen mit Salz- oder Schwefelsäure angesäuert und das in ihm enthaltene Chromat mit einer 0,1 n-Ferrosulfatlösung titriert. Aus der Differenz zwischen der zugesetzten und der mit Ferrosulfat zurücktitrierten Menge Kaliumbichromatlösung errechnet sich die an das Blei als Bleichromat gebundene Menge Chromat und damit auch der Gehalt an Blei. Als Elektrodenpaar dient das Paar Platin/Silberjodid.

Blei im Bleistein. 1 g der feingepulverten Substanz werden in 30 ccm konz. Salzsäure in der Wärme gelöst. Nach einiger Zeit wird durch Zugabe von 2 ccm konz. Salpetersäure oxydiert, noch einige Zeit weiter gekocht und dann mit Wasser auf ein Volumen von 100 ccm aufgefüllt. Die Stickoxyde werden durch Verkochen entfernt. Zu dieser Lösung gibt man nun 3 g Citronensäure und soviel Natronlauge hinzu, bis ein Niederschlag auftritt, den man durch Zugabe von 2 n-Essigsäure wieder auflöst. Dann erhitzt man die Lösung zum Sieden, fügt 20 ccm 0,2 n-Natriumacetatlösung und einen reichlichen Überschuß an Kaliumbichromatlösung hinzu und kocht solange, bis sich das Bleichromat grobkrystallin abzusetzen beginnt. Dann wird sofort filtriert und der Niederschlag von Bleichromat mit heißem, essigsäurehaltigem Wasser ausgewaschen. In diesem Niederschlag wird das Blei indirekt durch das in ihm enthaltene Chromat bestimmt. Über diese Methode ist bereits an anderer Stelle berichtet worden, so daß hier nur darauf verwiesen sei (s. S. 86).

Der Zusatz von Citronensäure hat den Zweck, das vorhandene Eisen in Lösung zu halten. Da aber selbst in der nur essigsauren Lösung das vorhandene Chromat oxydierend auf die Citronensäure wirkt, kann das überschüssige Chromat nicht im Filtrat bestimmt werden. Außerdem muß mit einem größeren Überschuß an Chromat bei der Fällung gearbeitet und möglichst schnell filtriert werden. Beachtet man diese Gesichtspunkte, so lassen sich nach dieser Methode in kurzer Zeit sehr gute Ergebnisse erzielen.

Kupfer im Kupferstein. (Cu, Pb, Fe, Ni, Ca, Mg, S, R.) 0,3—0,4 g werden in etwa 10 ccm konz. Salpetersäure gelöst. Die Lösung wird mit 150 ccm Wasser verdünnt, ohne zu filtrieren mit Natronlauge neutralisiert bis zum Auftreten einer schwachen Trübung, die man mit einigen Tropfen verdünnter Salpetersäure wieder fortnimmt, mit 20 ccm 2 n-Natriumacetatlösung, einem gemessenen Überschuß einer gestellten 0,1 n-Kaliumrhodanidlösung sowie etwa 5 g Traubenzucker versetzt und zum Sieden erhitzt. Nach 25—30 Minuten Kochdauer wird die Lösung abgekühlt, mit 15 ccm 2 n-Schwefelsäure und 20 ccm 2 n-Essigsäure angesäuert und mit 0,1 n-Silbernitratlösung bis zum Potentialsprung titriert. Indicatorelektrode ist die Silberjodidelektrode, Vergleichselektrode eine Platinelektrode oder die stabil. Silberelektrode.

Beim Aufschluß des Kupfersteines muß darauf geachtet werden, daß der ausgeschiedene Schwefel sich nicht beim Kochen zusammenballt und Kupfer mit einschließt.

Ebenso wie im Kupferstein kann das Kupfer auch im Bleistein potentiometrisch in der gleichen Weise bestimmt werden.

Nickel im Nickelstein. 0,5 g der feingepulverten Substanz werden in 10 ccm Salpetersäure (1:2) gelöst. Dann wird mit Wasser auf 100 ccm verdünnt, mit Natronlauge versetzt, bis eine schwache Trübung bestehen bleibt, die mit einigen Tropfen verdünnter Salpetersäure wieder fortgenommen wird, 0,1 n-KCNS-Lösung in geringem Überschuß und eine Messerspitze Hydrazinsulfat hinzugegeben und dann etwas erwärmt. Nun gibt man solange 2 n-Natriumacetatlösung hinzu, bis kein Niederschlag von Cuprorhodanid beim Umschütteln mehr ausfällt, säuert mit etwas verdünnter Essigsäure an und filtriert. Sind größere Mengen Eisen vorhanden, so hält man diese mit 2—3 g Weinsäure in Lösung. Das Weinsäure enthaltende Filtrat wird dann stark ammoniakalisch gemacht und mit 0,1 n-KCN-Lösung titriert (vgl. S. 107).

Nicht allzugroße Mengen Kobalt stören dabei nicht und werden mit als Nickel gefunden.

Sind größere Mengen Kobalt vorhanden, so darf die Lösung nicht ammoniakalisch, sondern muß durch Zugabe von Natronlauge und reichlich Natriumacetat neutral oder besser ganz schwach alkalisch gemacht werden. Man erhält dann bei der Titration mit KCN-Lösung die Summe von Kobalt und Nickel, wobei zu berücksichtigen ist, daß auf 1 Ni˙ : 4 CN′, auf 1 Co˙ jedoch 5 CN′ entfallen.

Sollen im Nickelstein auch noch Kupfer und Eisen bestimmt werden, so gelingt auch dies potentiometrisch. Kupfer wird nach dem Rhodanidverfahren (s. S. 118) ermittelt, Eisen nach dem Acetatverfahren abgetrennt und nach dem Umfällen mit Ammoniak und abermaligem Lösen in Salzsäure z. B. mit $TiCl_3$-Lösung titriert (s. S. 119).

F. Arsen-, Antimon- und Zinnführende Erze und Hüttenprodukte.

Die potentiometrische Analyse solcher Substanzen kann nach den Angaben des Analysenganges durchgeführt werden, wobei besonders auf den Aufschluß und die Abtrennung von Arsen, Antimon und Zinn, wie sie beim Hartblei und Schnellot beschrieben wurden, hingewiesen sei.

Für die Praxis interessiert in vielen Fällen bei Kobalt- und Nickelmineralien, die einerseits kein Nickel, andererseits kein Kobalt enthalten, in erster Linie nur der Gehalt an Kobalt oder an Nickel. Ihre potentiometrische Bestimmung sei daher anschließend beschrieben.

Nickelmineralien. (Rotnickelkies, Gersdorffit, Ullmannit.) Man löst eine geeignete Einwage in halbkonz. Salpetersäure (bei 0,7 g etwa 20 ccm), verdünnt mit Wasser auf etwa 150 ccm, fügt 3—4 g Weinsäure hinzu, macht stark ammoniakalisch und titriert die kalte Lösung oder einen aliquoten Teil davon mit 0,1 n-KCN-Lösung. Elektrodenpaar ist das Paar Silbersulfid/stabilisierte Silberelektrode.

Kobaltmineralien. (Speiskobalt, Kobaltglanz.) Man bringt eine geeignete Einwage der feingepulverten Substanz mit Salpeter- oder Schwefelsäure in Lösung, verdünnt mit Wasser, neutralisiert möglichst vollständig mit Natronlauge, gibt 3—5 g neutrales Natriumtartrat und einen reichlichen Überschuß 2 n-Natriumacetatlösung (30—40 ccm) hinzu und titriert die Lösung oder einen aliquoten Teil davon mit 0,1 n-KCN-Lösung. Als Elektrodenpaar dient das Paar Silbersulfid/stabilisierte Silberlektrode. — Auf 1 Kobalt kommen 5 Cyan. — Um die Gefahr einer Oxydation des entstehenden Kobaltokomplexes zu vermeiden, verwendet man bei der Titration zweckmäßig ein Röhrenvoltmeter, so daß man sehr schnell titrieren kann.

G. Sonstige technische Analysen.

Chromat und Eisen in Verchromungsbädern (105). 20 ccm des Bades werden mit Wasser auf 1 Liter verdünnt. 10 ccm dieser verdünnten Lösung werden mit 5 ccm konz. Salzsäure versetzt und mit 90 ccm Wasser verdünnt. Dann titriert man mit einer 0,1 n-SnCl$_2$-Lösung und zwar zunächst bei 18° das Chromat, dann bei 75° das Eisen.

Liegen in dem Bade nur geringe Mengen Eisen neben viel Chromat vor, so reduziert man vor der Titration des Eisens das Chromat mit Alkohol.

10 ccm des Bades werden mit Wasser auf 100 ccm verdünnt. Dann versetzt man die Lösung mit 10 ccm konz. Salzsäure und 10 ccm Alkohol und kocht solange, bis der Aldehydgeruch vollständig verschwunden ist. In dieser Lösung titriert man dann das Eisen wieder mit einer 0,1 n-

$SnCl_2$-Lösung bei 75° bis zum Potentialsprung. Als Elektrodenpaar dient das Paar Platin/Silberjodid.

Thiosulfat, Chlorid und Silber in gebrauchten Fixierbädern (106). Da es sich hier um klare Komplexlösungen handelt, muß weniger als 1 Mol Ag· auf 2 Mol S_2O_3'' vorhanden sein. Zunächst ermittelt man jodometrisch den Gesamtgehalt an Thiosulfat in der bekannten Weise. Zu einer zweiten Probe gibt man reichlich Natriumacetatlösung hinzu, erwärmt auf 85—90° und titriert dann mit einer Silbernitratlösung unter Verwendung einer Silberelektrode als Indicatorelektrode. Bei jedem Zusatz von Silberionen findet sofort eine kräftige Potentialänderung statt, die jedoch wieder zurückgeht, da sich erst allmählich aus dem zunächst entstehenden Silber-Thiosulfatkomplex Ag_2S bildet. Man muß also bei jedem Reagenszusatz Potentialkonstanz abwarten, was gegen das Ende der Titration bis zu 2 Minuten dauert. Bei dieser Titration erhält man schließlich einen gut erkennbaren Sprung bei einem Verhältnis von Ag· : S_2O_3'' wie 1:1, und, wenn bereits Silber in der Lösung vorhanden war, einen um so geringeren Verbrauch, als diesem Silbergehalt entspricht. Das heißt die Differenz zwischen dem jodometrisch ermittelten Gesamtgehalt an Thiosulfat und der durch die vorstehend beschriebene Titration mit Silbernitratlösung gefundenen Menge entspricht dem Gehalt der Lösung an Silber.

Nach dem ersten Potentialsprung wird die Lösung abgekühlt und dann bis zum zweiten Sprung mit der Silbernitratlösung weitertitriert. Die hierfür verbrauchte Anzahl ccm Silbernitratlösung ergibt den Gehalt an Chlorid. Indicatorelektrode ist auch hierbei Silber oder Silbersulfid.

Bestimmung von Silberjodid neben Silberbromid und Silberchlorid in Trockenemulsionen (107). Die Grundlagen für diese Bestimmung sind bereits an anderer Stelle gegeben worden (s. S. 101 über Cyanid und die Halogene). Bei der Bestimmung von Halogensilber in einer Emulsion behandelt man eine gewogene Menge der Probe mit warmem Wasser, um die Gelatine zu lösen, und versetzt dann mit überschüssiger Cyankaliumlösung. Man wird nun nicht gern in der Wärme titrieren, weil dann eine Zersetzung des Cyankaliums zu befürchten ist. Kühlt man jedoch ab, so besteht die Gefahr, daß die Lösung gelatiniert, was keinesfalls geschehen darf. Würde man versuchen, hinreichende Mengen Wasser zum Lösen der Gelatine zu nehmen, so wäre dazu ein unverhältnismäßig großes Volumen notwendig, da zumeist nur sehr kleine Mengen AgJ neben viel AgBr vorliegen, für die Bestimmung des AgJ also eine große Einwaage verwendet werden muß. Nun ist eine Veränderung des Cyans in der Hitze für die Bestimmung des Jods ohne Belang. Man kann also für die Bestimmung der nur kleinen AgJ-Menge eine genügend große Einwaage verwenden und diese in einer angemessenen Menge warmem Wasser lösen. Bei der Titration mit Silbernitratlösung kann dann durch Festlegung des ersten und zweiten Sprunges das Jod allein bestimmt werden.

Für die Bestimmung des Bromids verwendet man eine kleinere Einwaage, die auch in der Kälte mit einer nicht allzu großen Menge Wasser in Lösung gehalten werden kann. Bei der Titration mit Silbernitratlösung ergibt sich dann aus der Differenz des Verbrauches bis zum ersten und bis zum dritten Sprung der Gehalt an AgJ und AgBr.

Da durch die Gegenwart von Gelatine der Potentialsprung verflacht wird, sind die Ergebnisse bei kleinen Mengen Jodsilber nicht sehr genau.

Über die **Bestimmung kleinster Mengen Jodid neben sehr viel Chlorid in der Milch** ist von Kieferle und Erbacher (108) berichtet worden, über die **Bestimmung von Chlorid im Blut und Serum** von Mislowitzer (109) sowie Zintl und Beetz (110).

Säuregehalt von Schmier- und Isolierölen (111). Titriert wird mit einer 0,05 n-Lösung von KOH in Butylalkohol. Diese wird in einer Vorratsflasche mit Nachlaufbürette durch Natronkalk und alkalische Pyrogallollösung gegen CO_2 und O_2 geschützt. Sie hält ihren Titer dann 10 Wochen. Der zu verwendende Butylalkohol wird durch Behandeln mit alkalischer Silberlösung vom Aldehyd befreit, durch Kochen mit CaO entwässert und unter Stickstoff destilliert. Die zu untersuchenden Öle und Fette löst man in Butylalkohol, dem $^1/_{10}$ des Volumens an gesättigter butylalkoholischer LiCl-Lösung zugesetzt war. Etwa 10 g Substanz werden in 100 ccm dieser Mischung gelöst und unter Zusatz von etwa 50 mg Chinhydron im Stickstoffstrome mit der butylalkoholischen Kalilauge potentiometrisch titriert. Indicatorelektrode ist ein blanker Platindraht; als Vergleichselektrode hat sich eine dünne Bogenlampenkohle bewährt, die zusammen mit der Indicatorelektrode in die zu untersuchende Lösung eingetaucht wird.

Wo es angängig ist, können natürlich auch wässerige Auszüge mit gewöhnlicher Natron- und Kalilauge, gegebenenfalls auch mit Ammoniak titriert werden. Dasselbe gilt für wasserlösliche Produkte wie z. B. sulfurierte Schieferöle und dergleichen.

Literatur-Nachweis.

1. Haber, F.: Z. Elektrochem. Bd. 10 (1904) S. 433 u. 773.

2. Hahn, F. L.: Z. physik. Chem. Bd. 127 (1927) 1, Bd. 133 (1928) S. 390, Bd. 146 (1930) S. 363 u. 373, Bd. 157 (1931) S. 203, 206 u. 209; Z. anal. Chem. Bd. 76 (1929) S. 146, Bd. 87 (1932) S. 263; Z. angew. Chem. Bd. 45 (1932) S. 77.

3. Berl, E., W. Herbert u. W. Wahlig: Chem. Fabrik Bd. 3 (1930) S. 445, 458.

4. Hiltner, W.: Chem. Fabrik Bd. 6 (1933) S. 111.

5. Hiltner, W.: Z. anal. Chem. Bd. 95 (1933) S. 39.

6. Brintzinger, H., u. E. Jahn, Z. anal. Chem. Bd. 94 (1933) S. 396.

7. Müller, E., u. K. Mehlhorn: Z. anal. Chem. Bd. 96 (1934) S. 173.

8. Hiltner W., u. W. Grundmann: Z. physik. Chem. Bd. 168 (1934) S. 294.

9. Heczko, Th.: Z. anal. Chem. Bd. 73 (1928) S. 404, Bd. 74 (1928) S. 289.

10. Müller, E.: Z. Elektrochem. Bd. 31 (1925) S. 323.

11. Roth, W. A.: Z. Elektrochem. Bd. 33 (1927) S. 127.

12. Müller, E.: Z. angew. Chem. Bd. 41 (1928) S. 1152.

13. Ackermann: Z. anal. Chem. Bd. 79 (1930) S. 8.

14. Müller, E.: Elektrometrische (potentiometrische) Maßanalyse. 5. Aufl. S. 84. 1932.

15. Brudhausen, F. v.: Apoth.-Ztg. Bd. 46 (1931) S.1130; C. 1932, I S. 2206.

16. Roberts u. Hostetter: J. Amer. chem. Soc. Bd. 41 (1919) S. 1343. — Willard u. Fenwick: J. Amer. chem. Soc. Bd. 44 (1922) S. 2504, 2516; Bd. 45 (1923) S. 84, 623, 645, 715, 928, 933. — Van Name u. Fenwick: J. Amer. chem. Soc. Bd. 47 (1925). — Atanasiu u. Velculescu: Z. anal. Chem. Bd. 85 (1931) S. 120.

17. Müller, E., u. H. Kogert: Z. physik. Chem. Bd. 136 (1928) S. 437.

18. Liebich: Dissertation. Dresden 1920.

19. Behrend, R.: Z. physik. Chem. Bd. 11 (1893) S. 466. — Rudolf: Dissertation. Dresden 1922.

20. Müller, E., u. Lauterbach: Z. anorg. allg. Chem. Bd. 121 (1922) S. 178.

21. Hiltner, W., u. W. Grundmann: Z. physik. Chem. Bd. 168 (1934) S. 294.

22. Müller, E.: Z. anorg. allg. Chem. Bd. 134 (1924) S. 202.

23. Czaparowski u. Wiercinski: Roczniki Chemji Bd. 11 S. 95; C. 1931, I S. 2366.

24. Gittel, W.: Dissertation. Breslau 1934.

25. Zintl u. Rauch: Z. anorg. allg. Chem. Bd. 139 (1924) S. 379.

26. Müller, E., u. W. Pree: Z. anal. Chem. Bd. 72 (1927) S. 195.

27. Müller, E., u. A. Rudolph: Z. anal. Chem. Bd. 63 (1923) S. 102. — Hiltner, W., u. W. Grundmann: Z. anal. Chem. Bd. 97 (1934) S. 172.

28. Willard u. Fenwick: J. Amer. chem. Soc. Bd. 45 (1923) S. 933. — Zintl u. Rauch: Z. anorg. allg. Chem. Bd. 146 (1925) S. 282. — Tomicek: Rec. Trav. chim. Pays-Bas Bd. 43 (1924) S. 800, 812.

30. Treadwell, W. D., u. L. Weiß: Helv. chim. Acta Bd. 2 (1919) S. 680. — Müller, E.: Z. Elektrochem. Bd. 30 (1924) S. 420.

31. Müller, E., u. Aarflot: Rec. Trav. chim. Pays-Bas Bd. 43 (1924) S. 874.

32. Zintl u. Rienäcker: Z. anorg. allg. Chem. Bd. 155 (1926) S. 84.

33. Tomicek, O.: Rec. Trav. chim. Pays-Bas Bd. 43 (1924) S. 803.

34. Pinkhof: Dissertation. Amsterdam 1919. — Hostetter u. Roberts: J. Amer. chem. Soc. Bd. 41 (1920) S. 1337.

35. Brintzinger u. Rodis: Z. anorg. allg. Chem. Bd. 166 (1927) S. 53.

36. Lang, R.: Z. anorg. allg. Chem. Bd. 152 (1926) S. 197.

37. Willard u. Fenwick: J. Amer. chem. Soc. Bd. 45 (1921) S. 84.

38. Trzebiatowski, W.: Z. anal. Chem. Bd. 82 (1930) S. 45.

39. Brintzinger u. Oschatz: Z. anorg. allg. Chem. Bd. 165 (1927) S. 221.

40. Hendrixson, W. S., u. Verbeck: J. Amer. chem. Soc. Bd. 44 (1922) S. 2382.

41. Müller, E., u. Görne: Z. anal. Chem. Bd. 73 (1928) S. 394.

42. Mika, J.: Z. Elektrochem. Bd. 34 (1928) S. 84.

43. Treadwell: Helv. chim. Acta Bd. 13 (1930) S. 500.

44. Mayr u. Burger: Mh. Chem. Bd. 53/54 (1929) S. 493; Bd. 56 (1930) S. 113.

45. Müller, E., u. Stein: Z. Elektrochem. Bd. 36 (1930) S. 382.

46. Brintzinger u. Schieferdecker: Z. anal. Chem. Bd. 76 (1929) S. 277.

47. Bodfors: Svensk. kem. T. Bd. 38 (1927) S. 333; C. 1927, I S. 1503.

48. Treadwell, W. D., u. Schwarzenbach: Helv. chim. Acta Bd. 11 (1928) S. 405.

49. Müller, E., u. Wahle: Z. anorg. allg. Chem. Bd. 129 (1923) S. 33.

50. Hiltner, W., u. W. Grundmann: Z. anorg. allg. Chem. Bd. 218 (1934) S. 1.

51. Brennecke, E.: Z. anal. Chem. Bd. 86 (1931) S. 175.

52. Müller, E., u. Wertheim: Z. anorg. allg. Chem. Bd. 133 (1924) S. 412, Bd. 135 (1924) S. 269.

53. Rauch: Z. anorg. allg. Chem. Bd. 160 (1927) S. 77.

54. Müller, E., u. Bennewitz: Z. anorg. allg. Chem. Bd. 179 (1929) S. 113.

55. Müller, E., u. Stein: Z. Elektrochem. Bd. 36 (1930) S. 221.

56. Crowell u. Kirschmann: J. Amer. chem. Soc. Bd. 51 (1929) S. 1695.

57. Müller, E., u. F. Weisbrod: Z. anorg. allg. Chem. Bd. 169 (1928) S. 394.

58. Carlos del Fresno: Z. anorg. allg. Chem. Bd. 214 (1933) S. 73.

59. Treadwell, W. D.: Helv. chim. Acta Bd. 5 (1922) S. 806.

60. Simao Ato: Sci. Pap. Inst. physic. chem. Res. Tokyo Bd. 10 (1929) S. 1; C. 1929, I S. 1843.

61. Bray, U. B., u. Kirschmann: J. Amer. chem. Soc. Bd. 49 (1927) S. 2739.

62. Kolthoff: Rec. Trav. chim. Pays-Bas Bd. 41 (1922) S. 172.

63. Furman u. Evans: J. Amer. chem. Soc. Bd. 51 (1929) S. 1128.

64. Hiltner, W., u. W. Grundmann: Z. anal. Chem. Bd. 97 (1934) S. 172.

65. Zintl, Rienäcker u. Schloffer: Z. anorg. allg. Chem. Bd. 168 (1928) S. 97.

66. Müller, E., u. Hentschel: Z. anal. Chem. Bd. 75 (1928) S. 240.

67. Zintl u. Rauch: Z. anorg. allg. Chem. Bd. 147 (1925) S. 256.

68. Tomicek: Rec. Trav. chim Pays-Bas Bd. 43 (1924) S. 800, 812.

69. Zintl u. Rienäcker: Z. anorg. allg. Chem. Bd. 161 (1927) S. 385.

70. Zintl u. Rauch: Z. anorg. allg. Chem. Bd. 147 (1925) S. 259.

71. Kolthoff u. Tomicek: Rec. Trav. chim. Pays-Bas Bd. 43 (1924) S. 781.

72. Müller, E., u. Flath: Z. Elektrochem. Bd. 29 (1923) S. 500.

73. Brintzinger u. Schieferdecker: Z. anal. Chem. Bd. 78 (1929) S. 110.

74. Treadwell, W. D.: Helv. chim. Acta Bd. 5 (1922) S. 732.

75. Willard u. Fenwick: J. Amer. chem. Soc. Bd. 45 (1923) S. 623.

76. Kolthoff u. Laur: Z. anal. Chem. Bd. 73 (1928) S. 177.

77. Allen, N., u. Furman: J. Amer. chem. Soc. Bd. 55 (1933) S. 90.

78. Müller, E., u. Schuch: Z. Elektrochem. Bd. 31 (1925) S. 332.

79. Müller, E., u. Lauterbach: Z. anal. Chem. Bd. 61 (1922) S. 398.

80. Carlos del Fresno: Z. anorg. allg. Chem. Bd. 183 (1929) S. 251.

81. Kolthoff: Rec. Trav. chim. Pays-Bas Bd. 39 (1920) S. 209.

82. Cüppers: Dissertation. Dresden 1924.

83. Tomicek: Rec. Trav. chim. Pays-Bas Bd. 43 (1924) S. 792.

84. Bechler: Diplomarbeit. Dresden 1922.

85. Rius: Trans. Amer. electrochem. Soc. Bd. 54 (1928) S. 361.

86. Romon: Ann. Soc. Espanola Fisica Quim. Bd. 28 (1930) S. 1045; C. 1930 II S. 3529.

87. Atanasiu, I. A., u. Velculescu: Z. anal. Chem. Bd. 90 (1932) S. 337.

88. Kolthoff u. Verzyl: Rec. Trav. chim. Pays-Bas Bd. 42 (1923) S. 1055.

89. C. del Fresno: Z. anorg. allg. Chem. Bd. 183 (1929) S. 251.

90. Müller, E., u. Holder: Z. anal. Chem. Bd. 84 (1931) S. 410.

91. Ishikawa, F., u. T. Murooka: Sci. Rep. Tohoku Univ. Bd. 21 (1932) S. 527; C. 1933, I S. 1815.

92. Tomicek: Bull. Soc. chim. France Bd. 41 (1927) S. 1389 u. 1399.

93. Someya, K.: Z. anorg. allg. Chem. Bd. 187 (1930) S. 346.

94. Schrenk u. Browning: J. Amer. chem. Soc. Bd. 48 (1926) S. 139.

95. Rudolph: Dissertation. Dresden 1922.

96. C. del Fresno u. E. Mairlot: Ann. Soc. Espanola Fisica Quim. Bd. 31 (1933) S. 122; C. 1933, I S. 2585.

97. Müller, E., u. Dietmann: Z. anal. Chem. Bd. 73 (1928) S. 138.

98. Hennig: Dissertation. Dresden 1924.

99. Sanfourche: C. R. Acad. Sci., Paris Bd. 192 (1931) S. 1225; C. 1931, II S. 1883.
— Vgl. dazu Hahn, F. L.: Z. angew. Chem. Bd. 45 (1932) S. 77.

100. Müller, Fr.: Z. Elektrochem. Bd. 30 (1924) S. 587. — Baggesgaard-Rasmussen u. Sv. Aa Schou: Z. Elektrochem. Bd. 31 (1925) S. 189; Schweiz. Apoth.-Ztg. Bd. 63 S. 30.

101. Hiltner, W., u. W. Grundmann: Arch. Eisenhüttenwes. Bd. 7 (1933/34) S. 461.

102. Hiltner, W., u. C. Marwan: Z. anal. Chem. Bd. 91 (1932) S. 401.

103. Dickens, P., u. Thanheiser: Mitt. Kais. Wilh.-Inst. Eisenforschg., Düsseld. Bd. 14 (1932) S. 169.

104. Desgl. Bd. 14 (1932) S. 179.

105. Müller, E., u. Hasse: Z. anal. Chem. Bd. 91 (1933) S. 241.

106. Petit, A.: Bull. Soc. chim. France (4) Bd. 51 (1932) S. 1312.

107. Müller, E.: Photogr. Industrie 1924 Heft 18 u. 19.

108. Kieferle u. Erbacher: Biochem. Z. Bd. 201 (1928) S. 305.

109. Mislowitzer u. Vogt: Biochem. Z. Bd. 159 (1925) S. 80.

110. Zintl u. Beetz: Z. anal. Chem. Bd. 74 (1928) S. 336.

111. Carke, B. L., L. A. Wooten u. K. G. Compten: Ind. a. Eng. Chem., Analyt. Ed. Physics Bd. 3 (1931) S. 321; vgl. Z. anal. Chem. Bd. 89 S. 290.

Sachverzeichnis.

Buchdruckerei Otto Regel G.m.b.H., Leipzig C 1.

Die kolorimetrische und potentiometrische p_H-Bestimmung.
Die Anfangsgründe der elektrometrischen Titrationen. Von Prof. Dr. *I. M. Kolthoff*. Autorisierte Übertragung ins Deutsche von Dipl.-Ing. *Oskar Schmitt*, Dresden. Mit 36 Abbildungen. IX, 146 Seiten. 1932. RM 9.60

Säure-Basen-Indicatoren.
Ihre Anwendung bei der kolorimetrischen Bestimmung der Wasserstoffionenkonzentration. Von Prof. Dr. *I. M. Kolthoff*. Unter Mitwirkung von Dr. *Harry Fischgold*, Berlin. Gleichzeitig vierte Auflage von „Der Gebrauch von Farbindicatoren". Mit 26 Abbildungen und einer Tafel. XI, 416 Seiten. 1932. RM 18.60; gebunden RM 19.80

Die Maßanalyse.
Von Prof. Dr. *I. M. Kolthoff*. Unter Mitwirkung von Prof. Dr.-Ing. *H. Menzel*. Zweite Auflage.
Erster Teil: Die theoretischen Grundlagen der Maßanalyse. Mit 20 Abbildungen. XIII, 277 Seiten. 1930. RM 13.80; gebunden RM 15.—*
Zweiter Teil: Die Praxis der Maßanalyse. Mit 21 Abbildungen. XI, 612 Seiten. 1931. RM 28.—; gebunden RM 29.40

Berl-Lunge, Chemisch-technische Untersuchungsmethoden.
Unter Mitwirkung zahlreicher Fachleute herausgegeben von Prof. Ing.-Chem. Dr. phil. *Ernst Berl*. Achte, vollständig umgearbeitete und vermehrte Auflage. In 5 Bänden.

Erster Band. Mit 583 in den Text gedruckten Abbildungen und 2 Tafeln. L, 1260 Seiten. 1931. Gebunden RM 98.—*

Zweiter Band. 1. Teil. Mit 215 in den Text gedruckten Abbildungen und 3 Tafeln. LX, 878 Seiten. 1932. Gebunden RM 69.—
2. Teil. Mit 86 in den Text gedruckten Abbildungen. IV, 917 Seiten. 1932. Gebunden RM 69.—
(Beide Teile werden nur zusammen abgegeben.)
Inhalt des 2. Teiles: Bemusterung von Erzen, Metallen, Zwischenprodukten und Rückständen, Das Wägen, Elektroanalytische Bestimmungsmethoden, Silber, Feuerprobe auf Silber und Gold, Aluminium, Arsen, Gold, Beryllium, Wismut, Calcium, Cadmium, Kobalt, Chrom, Kupfer, Eisen, Quecksilber, Magnesium und dessen Legierungen (Elektronmetall), Mangan, Molybdän, Nickel, Blei, Platin, Iridium, Osmium, Palladium, Rhodium, Ruthenium, Antimon, Zinn, Tantal, Titan, Zirkon, Hafnium, Thorium, seltene Erden, Uran, Vanadium, Wolfram, Zink.

Dritter Band. Mit 184 in den Text gedruckten Abbildungen. XLVIII, 1380 Seiten. 1932. Gebunden RM 98.—

Vierter Band. Mit 263 in den Text gedruckten Abbildungen. XXXIV, 1123 Seiten. 1933. Gebunden RM 84.—

Fünfter Band. Mit 242 in den Text gedruckten Abbildungen. XLVII, 1640 Seiten. 1934. Gebunden RM 136.—

---

* *Abzüglich 10% Notnachlaß.*

Metallographie der technischen Kupferlegierungen. Von Dipl.-Ing. *A. Schimmel.* Mit 199 Abbildungen im Text, 1 mehrfarbigen Tafel und 5 Diagrammtafeln. VI, 134 Seiten und 4 Seiten Anhang. 1930.　　　　　　　　　RM 19.—; gebunden RM 20.50*

Metallographie des Aluminiums und seiner Legierungen. Von Dr.-Ing. *V. Fuß.* Mit 203 Textabbildungen und 4 Tafeln. VIII, 219 Seiten. 1934.　　　　　　　　RM 21.—; gebunden 22.50

Einführung in die physikalische Chemie der Eisenhütten-prozesse. Von Dr.-Ing. *Hermann Schenck,* Essen.

Erster Band: Die chemisch-metallurgischen Reaktionen und ihre Gesetze. Mit 162 Textabbildungen und einer Tafel. XI, 306 Seiten. 1932.　　　　　　　Gebunden RM 28.50

Zweiter Band: Die Stahlerzeugung. Mit 148 Textabbildungen und 4 Tafeln. VIII, 274 Seiten. 1934.　　　　　Gebunden RM 28.50

Physikalische Chemie der metallurgischen Reaktionen. Ein Leitfaden der theoretischen Hüttenkunde von Prof. Dr. phil. *Franz Sauerwald,* Breslau. Mit 76 Textabbildungen. X, 142 Seiten. 1930.　　　　　　　　　　RM 13.50; gebunden RM 15.—*

Sintern, Schmelzen und Verblasen sulfidischer Erze und Hüttenprodukte. Die unmittelbare Verhüttung sulfidischer Erze und Hüttenprodukte sowie Richtlinien für Bau und Betrieb der erforderlichen Agglomerationsanlagen, Schachtöfen und Konvertoren. Von Dr. phil. *Ernst Hentze,* Hüttenbetriebsingenieur. Mit 104 Textabbildungen. VII, 405 Seiten. 1929.　RM 45.—; gebunden RM 46.50*

Leitfaden für Gießereilaboratorien. Von Geh. Bergrat Prof. Dr.-Ing. e. h. *Bernhard Osann,* Clausthal. Dritte, durchgesehene Auflage. Mit 12 Abbildungen im Text. VI, 64 Seiten. 1928.　　RM 3.30*

Ⓦ **Thermodynamik und die freie Energie chemischer Substanzen.** Von *Gilbert Newton Lewis* und *Merle Randall,* Berkeley, Kalifornien. Übersetzt und mit Zusätzen und Anmerkungen versehen von *Otto Redlich,* Wien. Mit 64 Textabbildungen. XX, 598 Seiten. 1927.　　　　　　　RM 45.—; gebunden RM 46.80

Elemente der Chemie-Ingenieur-Technik. Wissenschaftliche Grundlagen und Arbeitsvorgänge der chemisch-technologischen Apparaturen. Von Prof. *Walter L. Badger* und *Warren L. McCabe,* University of Michigan. Berechtigte deutsche Übersetzung von Dipl.-Ing. *K. Kutzner.* Mit 304 Abbildungen im Text und auf einer Tafel. XVI, 489 Seiten. 1932.　　　　　　Gebunden RM 27.50